Ulrich R. Matthes

DecaDance

Ulrich R. Matthes

DecaDance

Warum die Finanzkrise
vom Niedergang der Konzerne nur ablenkt
und der Tanz um das Goldene Kalb tödlich endet

Bibliografische Information der Deutschen Bibliothek
Die Deutsche Bibliothek verzeichnet diese Publikation in der Deutschen Nationalbibliografie; detaillierte bibliografische Daten sind im Internet über http://dnb.ddb.de abrufbar.

ORIGINALAUSGABE
Herstellung und Verlag: Books on Demand GmbH, Norderstedt
Redaktionelle Bearbeitung: Andrea Stangl, Paderborn
Einbandillustration: Barbara Eckert-Stahl, Mannheim
Einbandgestaltung: Graphik Studio G., Mareile Gropengießer, Paderborn
ISBN 978-3-8391-1452-0

Inhaltsverzeichnis

Vorwort

Plötzlich sehen es alle: wir haben eine Krise!

Wie ein ausbrechender Vulkan stülpt sich die Wirtschaft über der eben noch arglosen Wohlstandsgesellschaft auf, spuckt Feuer und lässt uns alle fassungslos und aschebedeckt zurück. Ausgelöst durch jene selbst ernannten Eliten, die nach größtmöglicher Rendite gieren, sind riesige Löcher gerissen worden in das samtene Tuch unserer Selbstzufriedenheit.

Doch schon stehen unsere fähigsten Politiker mit unvorstellbaren Mengen von Steuergeldern bereit, diese Löcher zu stopfen, um unsere Welt wieder ins Lot zu bringen. Alles wird gut. Wirklich?

Die Eruption eines Vulkans ist ein Einmalereignis, ein spektakuläres Symptom für das, was schon lange darunter kochte und auch weiter brodeln wird – die Magma-Blase. Und wie in diesem Bild ist auch die Wirtschaftskrise lediglich ein Fanal, unter dem kaum wahrnehmbar stetig fortschreitende Fehlentwicklungen und latente Missstände ihr Zerstörungswerk vorantreiben.

Ist es der Zeitgeist? Sind böse Menschen am Werk? Machen Wirtschaft und Politik etwas falsch?

Auf der Grundlage jahrzehntelanger Erfahrung als Manager und Berater fasse ich in diesem Buch mein Entsetzen in Worte, die dem Leser auch abstrakte und komplexe Vorgänge verständlich machen. So die Erkenntnis, weshalb Großunternehmen mehr Werte vernichten, als sie erzeugen, wieso das auch gar nicht anders sein kann und was uns das über das Schicksal unserer Gesellschaft sagt.

Wer das politisch Brisante liebt, mag mitdiskutieren

- wofür Topmanager wirklich so viel Geld bekommen
- warum die ökonomische Vernunft zu paradoxen Ergebnissen führt oder
- wie die Finanzmärkte unser Grundgesetz brechen.

Wer liest das?

- Alle, die wissen wollen, wo der Kern der aufbrechenden Krisen liegt;
- gesellschaftspolitisch Interessierte, die das Scheitern großer Systeme faszinierend finden;
- Insider von Großunternehmen, die ihr Umfeld nicht nur wiedererkennen, sondern auch begreifen möchten;
- Kritiker unserer Gesellschaft, die ihre Vorurteile bestätigt sehen und die Grundlage ihres Misstrauens endlich verstehen wollen.

Viel Spaß bei der Lektüre – jedenfalls solange Ihnen dies möglich ist!

1. Mittelstands-Phänomen

Aktueller Bezug

Regelmäßig veröffentlicht das HANDELSBLATT[1] Untersuchungsergebnisse, wonach Familienunternehmen dynamischer wachsen als börsennotierte Unternehmen. Die Autoren vermuten die Ursache darin, dass die „weniger stark kontrollierten und regulierten Familienunternehmen" einen „Hang zur Intransparenz" entwickeln, da sie vom Gesetzgeber nicht gezwungen werden, ihre Jahresabschlüsse zu publizieren. Im Umkehrschluss wäre also Transparenz erfolgshemmend. Das mag der Urstimmung früherer Unternehmer-Generationen entsprechen („Mir verrate nix!"), wurde jedoch außerhalb mafiöser Segmente in diesem Sinne bisher nicht diskutiert.

Eine frühere Studie der Hypo-Vereinsbank hat bereits nachgewiesen, dass die Aktien der 50 größten deutschen Familienunternehmen in ihrer Kursentwicklung seit 1990 den Dax deutlich geschlagen haben. Dies kann nicht nur eine Folge von Intransparenz sein. Vielmehr vermutet das Institut für Mittelstandsforschung (IfM) in Bonn den Grund in der „Einheit von Eigentum, Leitung, Haftung und Risiko", also der Verflechtung zwischen den Eignern und ihren Unternehmen.

Diese Befunde dürfen getrost als sensationell betrachtet werden. Geht es doch um eben jenes Erfolgskriterium, welches sich gerade die Protagonisten des Kapitalmarktes und ihre Analysten auf die Fahnen geschrieben haben: die Entwicklung des Unternehmenswertes oder – für unsere anglophilen Freunde – den *Shareholder Value.*

Dies ist das Goldene Kalb, um das unsere Gesellschaft tanzt!

Vorstandssprecher von Weltkonzernen und vergötterte Stars der Börsenfavoriten stellen sich vor Pressekonferenzen, Ranking-Institute und Hauptversammlungen, um sich im Glanz der Wertentwicklung

1 Ausgabe vom 16.08.2005: "Familienunternehmen überrunden Börsenkonzerne", Ausgabe vom 07.05.2007: "Familienunternehmen sind erfolgreicher als Dax-Konzerne", Ausgabe vom 12.05.2009: "In der Krise: Mittelstand schlägt Großkonzerne".

ihres Unternehmens zu sonnen. Und nun diese Watschen aus dem Mittelstand?

Sind es nicht gerade die internationalen Konzerne, die

- die Crème de la Crème der internationalen Topmanager beschäftigen
- diesen finanzielle Anreize bieten, welche sich den Wertvorstellungen Normalsterblicher weitgehend entziehen
- mit modernsten Management-Methoden arbeiten
- das höchstqualifizierte Personal aus aller Herren Länder gewinnen können (Stichwort: *War for Talents*)
- die besten (und die teuersten) Berater beschäftigen
- durch das effektivste Controlling unterstützt werden
- um des Börsenerfolges willen auch gesellschaftspolitische Kritik in Kauf nehmen
- letztlich das Vertrauen des internationalen Anlegerpublikums gewinnen müssen?

Den Mittelstand über die Konzerne zu erheben, käme der Behauptung gleich, die Kampfkraft der Schweizer Bürgerwehr sei höher als die der US Army! Wobei vor dem Hintergrund jüngerer Erfahrungen Uncle Sam nicht empfohlen werden kann, dies empirisch zu überprüfen.

In jedem Falle erscheint es lohnend, dieses Faszinosum, dass der Mittelstand offensichtlich besser aufgestellt ist als die Großunternehmerschaft, näher zu betrachten. Dabei soll es an dieser Stelle nicht um eine akademische Betrachtung denkbarer Bestimmungfaktoren für nachhaltige Wertschöpfung gehen, sondern um konkrete Erfahrungen aus der Management- und Beratungs-Praxis, die schlaglichtartig aufdecken, weshalb in das Getriebe und die Steuerung ganzer Konzerne Sand gerät.

In der Folge findet das an Systemkritik und den Schwächen des menschlichen Wesens interessierte Leserpublikum die Darstellung einer Reihe von Phänomenen („Symptomen"), von denen jedes einzelne für sich genommen bereits Ansätze liefert zu verstehen, weshalb Unternehmen nicht so funktionieren, wie sie sinnvollerweise funktionieren sollten. Dabei ist leicht vorstellbar, dass die Häufung dieser Phänomene zu einer Multiplikation der erfolgshemmenden Effekte führt.

2. Fischkopp-Syndrom

Oberste Führung

Es gibt wohl mehrere Kulturen – nicht zuletzt die chinesische –, denen man die Erkenntnis zuschreibt, dass „der Fisch am Kopf anfängt zu stinken". Darin wird uns eine alte Weisheit vermittelt, der Jahrtausende währende Beobachtung menschlicher Kulturen zugrunde liegen mag und die auch heute empirischen Untersuchungen gewiss standhalten würde: Der Verlust der Werte in einer Gemeinschaft und letztlich ihr moralischer Zerfall sind keine Prozesse, die von der breiten Basis ihrer Mitglieder ausgehen, sondern haben ihren Anfang an der Spitze der Hierarchie, wo eigentlich in großen Dimensionen gedacht und Vorbild gelebt werden sollte.

Besonders pikant und im Bild des Fisches treffend dargestellt ist die physiognomische Eigenart, dass derjenige Teil des Fisches, der vom Kopf am weitesten entfernt ist – der Schwanz nämlich –, für das Weiterkommen sorgt. Hier zeigt sich der Unterschied zwischen Steuer und Ruder.

Angewandt auf die von uns betrachteten Teilnehmer am Wirtschaftsleben konstatieren wir als Unterschied zwischen Konzernen und Mittelständlern am Bild des Fisches: Bei den Großen ist der Abstand zwischen Kopf und Schwanz, also der Weg zwischen Steuer und Ruder, länger.

Während bei einem mittelständischen Unternehmen demnach Übersicht herrscht und Rückkopplungen relativ leicht darstellbar sind, könnte es bei einem großen Unternehmen bereits an der Steuerung (=

Kopf) kräftig stinken, während diejenigen, die rudern, noch immer glauben, es sei alles bestens in Ordnung.

Die Relevanz des potenziell stinkenden Kopfes vor Augen sollten wir uns zunächst fragen:

- Woraus besteht der Kopf?
- Wie lässt sich sein Verhalten erklären?

2.1 Symptome

2.1.1 Versailles

Image statt Leistung

Um das Funktionieren komplexer hierarchischer Systeme verständlich zu machen, kann der Griff zu einer Analogie hilfreich sein, die losgelöst von bestehenden Vorprägungen den Blick auf elementare Zusammenhänge freigibt.

So wollen wir uns als ersten Gegenstand der Betrachtung nicht einen multinationalen Konzern wählen, wie wir ihn als Zeitgenossen erleben, sondern ein historisches Beispiel betrachten. Dieser Vorgehensweise liegt die Unterstellung zugrunde, dass das im Fokus stehende Phänomen zeitlos für hierarchische Systeme typisch ist, wie sie menschliche Zivilisation herausbildet. Die beschriebenen Zusammenhänge wären wohl im Reich der Sumerer ganz ähnlich oder sogar identisch gewesen.

Wählen wir also zur Veranschaulichung einen hierarchischen – sogar absolutistischen – Komplex von hohem Bekanntheitsgrad: den Hof des Sonnenkönigs, das Versailles Ludwigs des XIV.

Schauen wir weiter auf einen jungen Menschen, nennen wir ihn „Curt“ (nach franz. *le courtisan*, „der Höfling“), der an eben diesem Hofe eine Beschäftigung findet und sich somit in dieses System einbringen muss.

Curt wird zunächst – der üblichen Kategorisierung menschlicher Motive folgend – defensive Ziele verfolgen: Er will seine Lebensgrundlage sichern, ergo seinen Arbeitsplatz erhalten, und nicht vom Hofe gejagt werden.

Sofern dies für eine erste Periode gelingt, wird unser Curt – sofern er nicht völlig aus der Art geschlagen ist – seine Ziele allerdings offensiver formulieren: Er will Erfolg haben.

Wie kann er das erreichen?

Die Vertreter traditioneller Wertansätze werden an dieser Stelle gern mit einem Kanon klassischer Tugenden bereitstehen:

- Ordnung: Curt muss die Regeln des Systems kennen, akzeptieren und peinlich genau einhalten, um nicht durch eventuelle Verstöße Sanktionen und Abstoßungseffekte heraufzubeschwören.
- Sauberkeit: Curts Erscheinungsbild muss sich einwandfrei – und selbstverständlich auch fleckenfrei – in das Bild am Hofe einfügen. Dabei sind die speziellen Usancen für Menschen seines Standes peinlich genau zu beachten. Negative Abweichungen sind tödlich. Positive Abweichungen sind fein zu dosieren: allenfalls ist ein leichter Sympathie-Effekt erlaubt. Aber Vorsicht: Jedermanns Liebling ist auch immer irgendjemandes Feind.
- Fleiß: Curt muss arbeiten, bis ihm die Schwarte kracht, und dann das gleiche Pensum noch mal. Wie könnte er seine Gegenwart bei Hofe besser rechtfertigen als durch uneingeschränkte Hingabe an sein Tagwerk? „Von der Stirne heiß ...“ – das Zitat ist vermutlich bekannt.
- Zuverlässigkeit: Alle expliziten Anweisungen sind präzise zu befolgen. Die impliziten auch. Überhaupt weiß ein guter Höfling stets, was seine Herrschaft brauchen könnte. Unser Curt hat immer da zu sein, wenn er gebraucht wird, und alles so zu tun, wie es verlangt wird.
- Bescheidenheit: Für Curt geziemt sich Zurückhaltung im Auftreten. Eigene Wünsche und Ansprüche zurückzustellen ist

eine Frage proaktiver Selbstzucht. Nur Steine, die sich ebenmäßig einfügen lassen, ergeben eine starke Mauer.

- Sittsamkeit: Der Begriff „Laster" hätte überhaupt erst mit der Erfindung des Automobils (das ist deutlich nach dem 17. Jahrhundert) in die Sprache eingeführt werden dürfen. Curt sollte sich Ausschweifungen jeglicher Art enthalten. Die wahre Befriedigung erblüht ohnehin aus dem Dienen durch Arbeit. Und falls unseren Curt doch einmal libidinöse Wallungen heimsuchen sollten, ist zu beachten, dass die klassische Haltung (der Herr kommt von oben) auch sozial interpretiert werden kann: also keine Avancen an höhergestellte Damen! Es sei denn, deren Protektion ist stärker als die Eifersucht ihrer offiziellen Partner.

Alle diese Vorgaben sind gut und richtig. Ihre Einhaltung kann auch helfen, Kollisionen mit dem System zu vermeiden.

Aber zum Erfolg führen sie nicht!

An dieser Stelle erscheint es sinnvoll zu untersuchen, welche Bedingungen für „Erfolg" notwendig – ggf. auch hinreichend – sind. Erfolg im Sinne von Curt sei hier definiert als

- Vorstufe: Anerkennung, möglichst öffentlich
- Hauptstufe: Höherstufung in der Hierarchie, verbunden mit Zuwachs an Macht, Status, Entlohnung etc.

Diese Formen von Erfolg setzen eine entsprechende Entscheidung einer Persönlichkeit voraus, die sich in der Hierarchie – ggf. deutlich – oberhalb von Curt befindet und kraft ihrer Position die Macht besitzt, ihn zu fördern (oder auch hinauszubefördern).

Je weiter sich diese Person – nennen wir sie die „Zielperson" – hierarchisch über Curt befindet, umso größer wird ihre Macht sein, ihn zu fördern. Am Hofe von Versailles kann man sich da Hofbeamte vorstellen, besser noch Hofmarschälle, im Idealfall sogar Seine Majestät höchstselbst.

Aus diesem Tatbestand ergibt sich ein Grundproblem jedes Erfolgsuchenden. Ein Werkmeister, der vielleicht mit Curt sogar im gleichen Raum arbeitet, sieht ihn ständig und kann seine Leistung gut einschätzen. Aber er hat nur geringe Macht und ist daher als Zielperson von minderer Bedeutung.

Eine Zielperson mit größerer Machtfülle wie z. B. ein Hofmarschall, der Curts Aufstieg den entscheidenden Schub geben könnte, wird dagegen in der Regel in ungünstiger Beobachtungsentfernung domizilieren und im Übrigen weder Anlass noch Neigung haben, auf Curt ein Auge zu werfen. Die Entscheidungsmacht einer für Curt interessanten Zielperson verhält sich demnach umgekehrt proportional zu ihrer Beobachtungsfähigkeit und -neigung für Curts Bemühungen. Einfacher gesagt: Je wichtiger eine Zielperson ist, umso entfernter sitzt sie.

Unser Curt hat ein Wahrnehmungsproblem. Sein Streben muss folglich dahin gehen, dass die relevante Zielperson überhaupt zur Kenntnis nimmt, dass er existiert. Das heißt:

- Curt muss erkennen, bei welchen Gelegenheiten er in das Wahrnehmungsfeld der Zielperson gerät. Wenn die Zielperson einen hohen Status hat – was ja grundsätzlich in Curts Sinne ist – können diese Gelegenheiten sehr rar sein. Schließlich waren hochgestellte Persönlichkeiten zu allen Zeiten schon, tatsächlich oder aus Prinzip, knapp in ihrer Zeit.
- Konkret heißt das: Wenn im Durchschnitt jeden dritten Monat einmal ein Hofmarschall in Sichtweite an Curt vorbeikommt, dann muss Curt erreichen, dass dessen Blick ihn trifft und auf ihm sinnend verweilt. Das ist schwer genug, zumal zu befürchten ist, dass andere Höflinge ein gleichgerichtetes Interesse haben. Dem Auge des Hofmarschalls bietet sich also eine Menge an forcierten Auffälligkeiten, die in ihrer Anhäufung wieder höchst unauffällig sind. Ein Feld voller Halme, die sich

alle hochrecken, hat in der Wahrnehmung des unsensiblen Betrachters nichts Spektakuläres.

- Curt muss die geeignetsten Sinne (Wahrnehmungskanäle) der Zielperson ansprechen. Noch förderlicher als ein purer Blickkontakt wäre eine verbale Äußerung, wenn es Curt also gelingen würde, etwas zu sagen, das der Hofmarschall hört. Dabei brächte ein traditionelles „Jawoll!“ allerdings nur einen marginalen Aufmerksamkeitseffekt.
- Curt muss Gelegenheiten schaffen, wenn diese nicht von selbst eintreten. Wenn der Hofmarschall also in noch größeren zeitlichen Abständen oder nie vorbeikommt, dann muss Curt zu *ihm* gehen. Diesem Begehren stehen allerdings systembedingte Hindernisse entgegen, da höhere Dienstgrade in der Regel, sei es aus Stolz oder als verständliche Selbstschutzmaßnahme, den Weg zu ihrer Person verstellen. Der Normalfall ist ein Zerberus, vor dem man sich erst anstellen muss, um dann von ihm weggebissen zu werden. Da sind Einfallsreichtum und Einsatzfreude von Curt gefordert. Ausnahmsweise haben es Hofdamen hier leichter: eine Ohnmacht im rechten Moment beim Anblick des hohen Herrn kann helfen.

Im Ergebnis muss Curt erreichen, dass der Zielperson bei Nennung seines Namens sein Gesicht einfällt. Ersatzweise kann es helfen, wenn der zusätzliche Hinweis „Majestät, das ist der mit der komischen Frisur und der Warze auf der Nase“ zu einem ähnlichen Ergebnis führt.

Ein gewisser Bekanntheitsgrad in höheren Kreisen ist also eine notwendige Bedingung für Erfolg. Aber ist sie auch hinreichend? Sicherlich nicht, denn das bloße Kennen verhilft Curt ohne eine positive Wertigkeit noch nicht zu Erfolg.

Wenn Curt seiner Majestät etwa nur dadurch aufgefallen ist, dass er bei der Jagd der Einzige war, der vom Pferd fiel, so hilft das wenig. Wenn er hingegen beobachtet, wie ein anderer ein Rehkitz trifft, und es schafft, als Erster zu rufen: „Eure Majestät haben einen kapitalen Hirsch erlegt!", so kann dies schon eher helfen, ihn als kundigen Waidmann zu profilieren.

Dabei kann bereits eine einzige glückliche Begebenheit wie diese zielführend sein, denn gerade der Monarch selbst als Zielperson wird nur wenig Gelegenheit haben, Curt und seinesgleichen eingehender zu beobachten. Was bleibt, ist dieser Eindruck – und der muss sitzen.

Bei einer nächsten Gelegenheit, wenn Curt bereits wahrgenommen worden ist, mag es genügen, sich beflissen zu zeigen, also etwa die Äste aus dem Weg zu halten, auf dass sie das königliche Gewand nicht besudeln. Ein final wohlgesetztes und glaubhaft formuliertes „Euer Majestät Jagdglück wird nur noch durch Eure Kriegskunst übertroffen!" bedeutet praktisch den Durchbruch:

1. Curt ist bekannt,
2. gilt als fähig und
3. loyal (d. h. zuverlässig, weil er in der richtigen Art denkt und weiß, wer die Macht innehat).

Hätte Curt stattdessen, ohne den Kopf zu heben, seine Kraft der Arbeit gewidmet und seinen Blick nur auf den oben beschriebenen Pfad wahrhaftiger Tugend gerichtet, so hätten die hohen Herrschaften am Hofe nie von ihm erfahren, und keine vornehme Stimme hätte seinen Namen genannt. Nun aber gilt er als Kandidat für die nächste höherwertige Position.

Wohlgemerkt: Es kommt nicht darauf an, was Curt in Wahrheit kann, weiß, denkt, tut oder an Werten schafft. Wichtig ist allein, welche Wahrnehmung die Zielperson von ihm hat, egal wie schmal die Summe der Wahrnehmungen auch sein mag: „Curt? Den kenne ich, guter Mann!"

Da können auch Querschüsse missgünstiger Neider oder systemtreuer Warner („Der Curt ist ein Opportunist, der schleimt nur!") lediglich noch begrenzten Schaden anrichten. Wenn Seine Majestät einmal ein positives Vorurteil gefasst hat, möchte er in seiner Meinung nicht mehr widerlegt werden: „Dieser Curt gefällt uns – basta!"

Wenn wir dieses Versailles-Bild nun wieder auflösen und in ein hierarchisch gar nicht so unähnlich strukturiertes Konzernunternehmen unserer Zeit übertragen, so erlaubt uns der Analogieschluss folgende Feststellungen:

- Die Wirkung klassischer Faktoren wie Herkunft, Ausbildung, Werdegang und Erfahrung haben mit dem Einstieg in das System ihre Wirkung verbraucht und interessieren auf dem weiteren Weg niemanden mehr (Ausnahme: der Faktor Vitamin B).
- Maßgeblich für die Aufstiegsschancen eines Karriereaspiranten ist das Image, das er in den Augen höherer Führungskräfte, idealerweise des Vorstandes, erwirbt.
- Dieses Image basiert gerade in den oberen Etagen notwendigerweise mangels hinreichender Beobachtungsintensität nur auf punktuellen, an sich nicht aussagefähigen Eindrücken, denen somit aber überragende Bedeutung zukommt.
- Der *tatsächliche* Beitrag des Aspiranten zur Wertschöpfung, wie auch die Bedingungen und Methoden, unter denen dieser erreicht wurde, bleibt in der Regel ohne Wahrnehmung und ist somit für seinen Erfolg bedeutungslos.

So steht eine Nachwuchsführungskraft in einem großen Unternehmen zwangsläufig vor dem Entscheidungsproblem:

a) Lege ich mich voll ins Zeug, um möglichst viel zur Wertschöpfung des Unternehmens beizutragen, und akzeptiere dabei die Gefahr, dass ich zu wenig in mein Image investiere und in der Folge übersehen werde?
b) Oder konzentriere ich mich auf die Schaffung eines positiven Images im Umfeld des Vorstandes und akzeptiere dabei die Gefahr, dass ich als Bluffer enttarnt werde?

Wer den Versailles-Vergleich nicht kennt, wählt a).

Übrigens: Ein mittelständischer Unternehmer würde einen Mitarbeiter, der primär auf Vorzeigeeffekte statt auf volles Engagement für den Unternehmenserfolg setzt, infolge umfassender Beobachtung schnell enttarnen, beim ersten Mal abmahnen und im Wiederholungsfall rauswerfen.

2.1.2 Zäpfchen und Rambo
Kriterien: Wer setzt sich durch?

Wenn man das Geschehen in einem großen hierarchischen System verstehen will, ist eine Frage von besonders delikatem Interesse: Welche Personen gelangen aufgrund welcher Kompetenzen an die Spitze des Systems?

Da diese Frage nicht nur im ökonomischen Kontext von Bedeutung, sondern auch in anderen Systemen wie Parteien oder Verbänden in ganz ähnlicher Weise zu stellen ist, können wir sie zunächst aus gesamtgesellschaftlicher Perspektive untersuchen. Demokratisch gewählte Regierungen brauchen dabei nicht gesondert betrachtet zu werden, denn dorthin gelangt nur, wer von einer Partei nominiert wurde. Dort also erfolgt die Selektion.

Die Literatur strotzt nur so von Ansätzen, die zu erklären versuchen, welche erlesenen Eigenschaften und Fähigkeiten Menschen haben sollten, um dem Ideal einer Führungspersönlichkeit gerecht zu werden. Wenn man sich dann die führenden Köpfe bedeutender Organisationen anschaut, ist ganz überwiegend tiefe Enttäuschung angesagt:

- Entweder die führenden Köpfe unserer Gesellschaft verfügen über die von der Theorie geforderten Kompetenzen, sind aber zu bescheiden, sie Betrachtern wie uns ständig vorzuführen (dies nennt man eine „unechte Alternative"), oder
- die von der Wissenschaft entwickelten Kriterien stimmen mit der Praxis nicht überein, sodass es auf ganz andere Kompetenzen ankommt, oder

- der Auswahlprozess für Spitzenpersonal läuft ganz anders ab als erwartet.

Statt uns zu fragen, wie die Auswahl der Mächtigsten im Lande idealerweise erfolgen sollte, schauen wir lieber mitten hinein ins pulsierende Leben. Da sollten zwei Ansätze nicht unerwähnt bleiben, die zwar wenig Hoffnung entfachen, aber immerhin konzeptionell klar sind:

a) Der „Zäpfchen-Ansatz"
   Dieser geht davon aus, dass das Emporkommen in einem komplexen sozialen System beschrieben werden kann als aufwärts gerichtete Bewegung, die auf einem langen, verschlungenen Weg eine Vielzahl unerwarteter Wendungen und Widerstände berücksichtigen und an diesen vorbeiführen muss, ohne stecken zu bleiben, Abwehrreaktionen auszulösen oder nennenswerte Reibungsverluste hinzunehmen. Dieser Prozesstauglichkeit kommt ein bildlicher Vergleich am nächsten, der sich im Namen des Ansatzes ausdrückt.
b) Der „Radikal Ambitionierte, Macchiavellistisch Bestimmte Opportunist (kurz: RAMBO)"-Ansatz
   Dieser Erklärungsversuch stützt sich auf zwei elementare Bedingungen, die das Selektionsverfahren für den Aufstieg an die Spitze bestimmen:
   - Zunächst beschränkt sich die Grundmenge der Kandidaten, die sich um Spitzenplätze bewerben, auf jene, die einen Platz an der Spitze einer Hierarchie überhaupt anstreben. Dabei ist zu berücksichtigen, dass der Weg an die Spitze 100 %igen psychischen und physischen Einsatz erfordert, verbunden mit einem weitgehenden Verzicht auf Selbstverwirklichung auf anderen Gebieten. Diesen Preis auf Dauer zu bezahlen, sind nur die wenigsten bereit. Damit reduziert sich der Kreis der Kandidaten auf Menschen, deren Ehrgeiz derart groß ist, dass sie bereit sind, eine Viel-

zahl anderer Motive zurückzustellen, ausschließlich um ihren Ehrgeiz nach Rang und Macht zu befriedigen.

- Wenn die so definierten Anwärter nun untereinander Ausscheidungskämpfe austragen, so mag dies mit Rücksicht auf gesellschaftliche Konventionen in der Außenansicht den Eindruck eines zivilisierten, fairen Wettbewerbs erwecken. Materiell betrachtet, kann man sich diesen Prozess aber gar nicht archaisch genug vorstellen: Da stellen Menschen, mit dem gängigen Katalog von Qualifikationen ausgestattet, ihre Energie, ihre Zeit, ihren Willen, ihre Gesundheit, ihre Selbstachtung – letztlich ihr ganzes Leben – in die Realisierung eines Ziels. Und da soll es dann fair zugehen?

  Letztlich kann bei diesem Kampf auf Biegen und Brechen nur ein Kriterium triumphieren, welches den Unterschied macht, aber gern ungenannt bleibt: Rücksichtslosigkeit! – Hier verstanden

  - gegenüber Menschen, als da sind

    Konkurrenten, die man aus dem Rennen wirft (visuell veranlagten Lesern empfehle ich als Bild hier das Wagenrennen aus dem Film „Ben Hur“);

    Weggefährten, die man ausnutzt, bis sie nicht mehr zu gebrauchen sind (stellen Sie sich eine ausgequetschte Zitrone vor);

    Opfer, die man auf ihrer verbrannten Erde einfach liegen lässt (hier genügt ein Blick in eine aktuelle Nachrichten-Sendung);
  - gegenüber Ideen, Werten und Idealen, die man wechseln muss wie das sprichwörtliche Hemd, wenn sie einen eher belasten als unterstützen.

Zusammenfassend wäre aus diesem Ansatz die Erkenntnis abzuleiten, dass die maßgeblichen Entscheidungsträger in unserer Gesellschaft sich definieren als

die Rücksichtslosesten aus dem Kreis der Ehrgeizigen.

Übrigens: Ein mittelständischer Unternehmer wird Schleimer und Rambos in seinem Hause leicht an den Schleimspuren und dem zerschlagenen Porzellan erkennen. Nur die Wenigsten schätzen das. Daher würde er beim ersten Mal sich den Schaden ersetzen lassen, dann abmahnen und im Wiederholungsfall den Störer rauswerfen.

2.1.3 Sandkasten und Bouillon

Kriterien: Wen lässt das System?

Neben den vorgenannten Ansätzen, die für sich genommen schon geeignet sind, elementare Fehlentwicklungen in unserer Gesellschaft zu erklären, lohnt ein Blick auf den historischen Rahmen, innerhalb dessen sich die Bildung unserer Eliten vollzieht.

Bereits seit mehr als einem halben Jahrhundert weist Westeuropa eine Besonderheit auf, die unsere Zeit von früheren Perioden unterscheidet: Unsere Gesellschaft durchlebt keine schweren Krisen – keine „Schwarzen Freitage", keine flächendeckenden Naturkatastrophen, keine Hungersnöte und keine Kriege. Für die Bevölkerung ist dies ein Segen, der nicht hoch genug bewertet werden kann.

Doch eine Gesellschaft ohne Überwälzungen nimmt eine Entwicklung wie eine Tasse Brühe, die zu lange steht: Oben schwimmt das Fett.

Für die Selektion von Führungspersönlichkeiten hat das Fehlen von schweren Krisen einen Nachteil. Gerade in einer besonders kritischen Situation erweist sich, wer die Qualität einer großen Führungspersönlichkeit hat und – vor allem – wem die Masse der Betroffenen ausreichendes Vertrauen schenkt, um ihm zu folgen. Der ehemalige deutsche Bundeskanzler Helmut Schmidt hat sich mit seinem Management bei der Flutkatastrophe 1963 in Hamburg als einer der ganz wenigen prominenten Staatsmänner einen fundierten Ruf als krisenerprobter Führer erwerben können, bevor er nach höheren Weihen griff.

In krisenfernen Zeiten kann dieser maßgebliche Auswahlprozess nur durch Simulationen und Imagebildung ersetzt werden – ein schaler Ersatz, der Fehleinschätzungen Tür und Tor öffnet.

Um dies noch anschaulicher zu zeigen, sei mir ein militärischer Vergleich erlaubt. Stellen Sie sich eine Armee vor, die seit Generationen keinen Krieg mehr geführt hat. Wie rekrutiert sie ihre Generalität?

Die traditionelle Antwort wäre: Diejenigen, die sich im Kampfe als die besten Anführer bewährt haben, sind zu Generälen aufgestiegen. Was aber, wenn überhaupt kein Kampf stattgefunden hat? In diesem Fall müssen Ersatzlösungen her:

a) Simulationen: Es wird wenigstens so getan, als wenn man kämpft, etwa in Manövern, Spielen im Sandkasten (diese Lösung finde ich besonders tauglich für das Kind im Manne; daher der Titel dieses Abschnittes) und indem man darüber kluge Reden führt. Allerdings werden hier andere Kompetenzen abgeprüft, als im Ernstfall benötigt: Entscheidungen bleiben weitgehend ohne Folgerisiko, Technokratie verdeckt das Fehlen der Praxis, Glaubhaftigkeit ersetzt die echte Bewährung. Das kann die Bewertung auf den Kopf stellen. So wissen wir ja aus privateren Sphären, dass diejenigen Männer, die am blumigsten über das Geschlechtsleben fabulieren können, meist nicht die besten Liebhaber sind.
b) Imagebildung: Hier sei auf das Kapitel „Versailles" verwiesen, da es um vergleichbare Mechanismen geht. Wenn man den besten Anführer nicht in seiner Rolle (der Echtsituation nämlich) erleben kann, dann wählt man eben jenen, von dem man den Eindruck hat, er sei dieser Rolle gewachsen. Folglich wird nachweislicher Erfolg durch Schaulaufen ersetzt. Wenn die Offiziere nicht auf dem Schlachtfeld zu beobachten sind, dann

werden die Orden eben auf dem Regimentsball vergeben – an den besten Vortänzer, der die meisten Fürsprecher hat.

Die Folgen für die Schlagkraft einer solchen Armee sind naheliegend. Im Ernstfall muss den Generälen erst mal Valium verabreicht werden, damit sie ihre Nerven in den Griff bekommen. Und dann vermutlich noch Testosteron, damit sie überhaupt handeln.

Übertragen wir dieses prägnante Bild zurück in die Mechanismen der Zivilgesellschaft, wird auch dort leicht sichtbar, dass

- die Anforderungen an Menschen, die Führungspositionen gerecht werden, und
- die Anforderungen, die der Weg stellt, um dorthin zu kommen,

nicht deckungsgleich sind. Im Gegenteil, gerade wenn man an charakterliche Aspekte denkt, steht zu befürchten, dass die Profile sich eher gegensätzlich verhalten. Eignung für und Zugang zu Führungspositionen widersprechen sich. Es ist wie mit dem Fett in der Brühe: Das Falsche schwimmt oben.

Tun wir den letzten Analogie-Schritt speziell in die Führungsetagen der Wirtschaft, induzieren die vorstehenden Überlegungen den Verdacht, dass – kraft gleicher Systematik – auch dort diejenigen am Steuerrad stehen, die in der Not das Schiff eher versenken, statt es zu retten.

Dies deckt sich – wohlweislich ohne hier Namen aufzählen zu wollen – mit der öffentlichen Wahrnehmung, dass gerade das Spitzenpersonal bedeutender Unternehmen schwer verständliche Defizite an Kompetenz und Moral aufweist.

Übrigens: Ein mittelständischer Unternehmer und die Mitglieder seines Führungsteams haben sehr viel mehr Gelegenheit, sich im Management zu beweisen, da ein kleineres Schiff den Seegang sehr viel stärker spürt und sich die Mannschaft bewusst ist, dass sie leichter von einer gefährlich hohen Welle erfasst werden kann. Da sind die Komfortzonen nicht so oppulent wie bei Großunternehmen. Wenn der Mittelständler da eine Führungskraft erkennt, die sich angesichts der Herausforderungen nicht bewährt, dann wird er sie (diesmal gleich ohne vorherige Abmahnung) rauswerfen.

2.1.4 Lawine

Flucht aus der Verantwortung

Eng mit dem zuvor erläuterten Gedanken verbunden ist ein anderes Symptom, welches sich am Vergleich mit einer Naturkatastrophe darstellen lässt.

Sie alle kennen – hoffentlich nur aus den Medien und nicht aus persönlichem Erleben – jene Naturgewalt, die losbricht, wenn der Hang eines Berges sich entschließt, seine potenzielle in kinetische Energie umzuwandeln. Sprich: Er donnert ins Tal, wird zur Lawine.

Was die Lawine mit Abläufen in einem großen hierarchischen System gemein hat: Sie wird oben ausgelöst, aber erschlagen werden die Leute unten. Allerdings kann eine mächtige Lawine Opfer aus den unterschiedlichsten Positionen mit nach unten reißen – insbesondere auch den Auslöser selbst. Dieser mögliche Effekt will vom Initiator also fein bedacht sein.

Wenn wir Führungskräfte beobachten, die sich für höhere Aufgaben empfehlen möchten (auch unter Berücksichtigung des „Versailles"-Phänomens), so sind diese bestrebt,

- etwas „loszutreten", also Initiative zu zeigen
- „Großes" zu bewegen, getreu dem Motto „Think big!" oder „Nicht kleckern, sondern klotzen!"
- andere „mitzureißen".

All dies ist im konstruktiven Sinn als Ausdruck von Dynamik gemeint, zeigt aber eine begriffliche Nähe zur Lawine, die kaum zufällig ist. So unterliegen potenzielle Aufsteiger dem Drang, Veränderungen auszulösen, deren wichtigstes Merkmal es ist, auffällig und beeindruckend zu sein (vgl. hierzu später das Kapitel „Garten Eden").

Die Wirkungen, die von diesen Veränderungen letztlich ausgehen sollen, werden zwar vorab in den schönsten Farben einer Präsentation ausgemalt, sind jedoch im selben Maße ungewiss, wie die Motivation zur Veränderung aus dem Profilierungsdrang des Initiators kommt.

Wohlgemerkt: Der Wahrnehmungswert einer Initiative liegt für den Initiator in der Phase des Anstoßes.

Zwischen dieser Phase und jenem Zeitpunkt, in dem eine rückschauende Bewertung der Auswirkungen der Initiative möglich ist, liegt naturgemäß eine zeitliche Verzögerung, die mit der Komplexität und der Bedeutung des Vorganges tendenziell steigt. Diese Verzögerung abzuwarten ist für den Initiator aus zwei Gründen problematisch:

- Sie verlangsamt seinen Aufstieg.
- Gerade in Unternehmen, wo Menschen und Technik ineinandergreifen, sind auch bei seriöser Betrachtung nicht immer alle Auswirkungen eines Impulses vorhersehbar – auch wenn wir hier keinen Ausflug in die Chaos-Theorie machen wollen. Demnach ist der Erfolg eines Projektes prinzipiell ungewiss.

Der Auslöser größerer Veränderungen tut also gut daran, sich davonzumachen, bevor die Auswirkungen seiner Initiative überprüfbar sind. Oder im Bild gesprochen: Wenn die Lawine an Fahrt gewinnt, sollte der, der sie losgetreten hat, die Gegend bereits verlassen haben.

Im wirtschaftlichen Alltag heißt das: sich zügig von dannen bewegen, bevor der Flugstaub der niedergegangenen Lawine die eigene saubere Weste unansehnlich macht. Dies geschieht idealerweise durch Aufstieg auf eine höhere Hierarchieebene; ersatzweise durch einen Wechsel der Zuständigkeit, der Abteilung oder am besten gleich des Unternehmens.

In der Praxis lassen sich zahllose Beispiele für derartige Vorgänge finden. Besonders sinnfällig ist im Vertriebsbereich das Auftreten von Verantwortlichen, die sich selbst unter hohen Karrieredruck stellen und/oder explizit den Auftrag erhalten haben, den Umsatz zu „pushen“, also signifikant zu steigern. Man kann die Spuren solchen Wirkens in ihrer unerbittlichen Abfolge betrachten wie die Jahresringe eines Baumstammes:

Phase 1: Die Umsatzstatistiken zeigen beeindruckende Erfolge

Phase 2: Der „Pusher“ wird befördert

Phase 3: Wir registrieren

offene Reklamationen von Kunden,
abwandernde Kunden (verdeckte Reklamationen),
scheiternde Kunden (infolge fehlerhafter Beratung),
technische Probleme (wegen ungenügender Anpassung),
ruinierte Preissysteme (infolge Dumpings),
u. a. m.

Häufig sind die Verursacher dieser misslichen Effekte bei deren Sichtbarwerdung so weit aufgestiegen, dass sie anderen die Verantwortung zuweisen und sie dazu auffordern können, den „Stall auszumisten“. Oder, um ein anderes Bild heranzuziehen: Wann hat man je gehört, dass ein angestellter Spitzenmanager die Suppe, die er seinem Unternehmen eingebrockt hat, auch auslöffelt?

Was die Identifikation von Folgewirkungen mit ihren Verursachern betrifft, gilt es übrigens als besonders ungeschickt, eine Verknüpfung des eigenen Namens mit einem Projekt zuzulassen, bevor man nicht sicher sein kann, dass die Wirkung in der Öffentlichkeit auch Ruhm und Ehre verheißt. Den Beobachtern des politischen Geschehens in Deutschland mag hier ein ehemaliger Personalvorstand eines bedeutenden Automobilkonzerns in den Sinn kommen, dessen Name – gewollt oder ungewollt – mit einer Reform von Sozialleistungen verknüpft wurde, sodass er nun für viele immer wieder in die Nähe negativer Assoziationen gerät. Da ist der frühere „Eiserne Kanzler“ des Deutschen

Reiches besser weggekommen: Seinen Namen verbindet man nur mit einem Hering.

Übrigens: Im Mittelstand werden die Suppen ausgelöffelt. Ein mittelständischer Unternehmer wird aufgrund der Überschaubarkeit der Verantwortlichkeiten keinen Mitarbeiter aus den Folgen seines Tuns entlassen. Wenn sich dennoch ein Mitarbeiter aus der Verantwortung stehlen wollte, wird er ihn beim ersten Mal abmahnen und im Wiederholungsfall rauswerfen.

2.1.5 Äquivalent oder Hyper-Korruption?

Wofür werden Spitzengehälter wirklich gezahlt?

Da wir uns mit Führungskräften beschäftigen, bietet sich der Blick auf ein Phänomen unserer Tage an, das in der Öffentlichkeit große Beachtung findet:

Speziell aus deutscher Sicht sind die Gehälter der Vorstände großer Aktiengesellschaften in den letzten Jahren förmlich explodiert. Dies fordert naturgemäß eine Erklärung. Machen wir uns dabei für einen Moment frei von der wiederkehrenden lärmenden Debatte zwischen der Anklage der neidischen Unterprivilegierten einerseits und der Rechtfertigung der ihre Pfründe verteidigenden Nomenklatura andererseits.

Denken wir einfach von den Grundsätzen her. Gehälter – gerade auch Managergehälter, die keiner Tarifbindung unterliegen, also individuell vereinbart sind – stellen einen Preis für eine Leistung dar. Für die Bestimmung der Höhe von Preisen gilt:

a) Sie bilden sich am Markt durch das berühmte freie Spiel von Angebot und Nachfrage.
b) Sie stellen ein angemessenes Äquivalent für eine Gegenleistung dar.

An diesen Ellen dürfen wir also die so deutlich steigenden Preise für Leistungen im Topmanagement messen.

Marktanpassung:
Dass die rasante Steigerung deutscher Managergehälter – speziell mit Blick auf die inflationären US-amerikanischen Verhältnisse – eine Anpassung an die Marktverhältnisse sei, ist eine der am häufigsten gehörten Schutzbehauptungen der Nutznießer dieser Entwicklung.

In der Tat wird ein bestehendes Ungleichgewicht ausgeglichen. Im ersten Schritt erscheint dieses Argument also zutreffend.

Doch schon im zweiten Schritt hilft uns die Logik des Marktes nicht mehr so eindeutig. Wenn es ein Preisgefälle bei den Managergehältern gibt, weshalb erfolgt die Anpassung einseitig nach oben? Das wäre nur dann zwingend, wenn die Qualität der Topmanager derart elitär wäre, dass man die Bestbezahlten nicht durch andere, die in ihren Gehaltsforderungen flexibler sind, substituieren könnte.

Sind die hochbezahlten US-Topmanager so einsam in ihrer Qualität?

Und wenn es so ist, dass die europäischen Manager den US-Boys keine Konkurrenz machen können, weshalb verlangen sie dann eine Angleichung der Gehälter? Da beißt sich die Katze in den Schwanz.

Fazit: Entweder hätte der Ausgleich der Preisdifferenzen wegen bestehender Qualitätsunterschiede gar nicht erfolgen dürfen oder die Kräfte des Marktes hätten in beiden Richtungen funktionieren müssen. Das Argument der Marktanpassung klingt zwar gut, ist aber nicht stichhaltig.

Leistungsäquivalent:
Hier erscheint es sinnvoll, den Begriff „Leistung“ in Komponenten zu zerlegen:

- Quantität
- Qualität

- Risiko
- Verantwortung
- Glück.

Inwieweit rechtfertigen diese fünf Kategorien eine Top-Entlohnung?

► **Quantität** oder Leistungsmenge
Der Einsatz und die Belastung von Topmanagern sind hoch. Mancher geht bis zum Ruin der eigenen Gesundheit, nicht nur nach Erreichen der Position, sondern auch schon auf dem Weg dorthin. Insofern erfolgt eine Art Nach-Entlohnung für bewiesenes Engagement.

Allerdings hat auch der Managertag nur 24 Stunden (zuzüglich der Nacht selbstverständlich). Um das Wievielfache rechtfertigt das Arbeitsvolumen eines Topmanagers eine höhere Entlohnung als z. B. bei den in letzter Zeit so häufig genannten Assistenzärzten im Krankenhaus? Und wie verhält es sich bei einem Arbeiter am Hochofen? Wie sieht der Vergleich mit einer Mutter von drei Kindern aus?

Nein, die Quantität rechtfertigt eine herausgehobene, aber keine extrem hohe Entlohnung. Übrigens kann ich mich nicht entsinnen, dass Vertreter früherer Manager-Generationen über die Menge an Arbeit geklagt haben – das entsprach dem Selbstverständnis.

► **Qualität** der Leistung
Die Anforderungen an die Fähigkeiten der Menschen an der Spitze einer großen Organisation sind im Prinzip extrem hoch. Zwar müssen sie nicht in jeder Disziplin besser sein als die Spezialisten, die ihnen zuarbeiten. Doch dürfen sie sich – zumal vor den Augen der Öffentlichkeit – keine Blöße geben und Schwächen verraten. Hierzu bedarf es in der Tat eines ganzen Bündels von hochkarätigen Kompetenzen, die den Topmanager aus dem Heer der Leistungsträger herausheben.

Doch mit Blick auf das letzte Kapitel müssen hinsichtlich der tatsächlichen Umsetzung der Qualität bereits Zweifel erlaubt sein. Sind die Leistungen dieser Managergeneration so viel höher zu bewerten als die ihrer Vorgänger? Oder war nicht gerade die Leistung der Gründungs-Unternehmer wesentlich stärker zu gewichten als die ihrer Söhne und Enkel?

Sind die Topmanager heute erfolgreicher als z. B. vor 15 Jahren? Da fallen mir etliche bedeutende deutsche Konzerne ein, die seinerzeit hell strahlten und ein makelloses Standing hatten, heute jedoch mit einer Negativ-Nachricht nach der anderen durch die Medien geistern und von Baustelle zu Baustelle stolpern – während die Managergehälter sich multipliziert haben!

Erhalten nicht auch die Manager von Unternehmen, die Verluste einfahren, Topgehälter (Benefit trotz Defizit)? Ja, gilt dies nicht sogar für Manager, deren Unternehmen in einer Übernahmeschlacht unterlegen ist? Seit wann erhält ein Kapitän, dessen Schiff geentert wird, dafür noch eine Prämie?

Gern wird die Entlohnung der Topmanager an das Unternehmensergebnis oder die Wertentwicklung der Aktie geknüpft. Darin liegt die Unterstellung, dass eine Ergebnisverbesserung primär auf der Leistung des Managements beruht. Vordergründig lässt sich dies durch dessen Gesamtzuständigkeit rechtfertigen. Der Ansatz berücksichtigt allerdings nicht

- die Beiträge anderer, z. B. der Belegschaft: Wenn im Forschungslabor ein Erfolg versprechendes Patent entwickelt wird, bekommt der Vorstand die höchste Prämie;
- verdeckte Preise, die für den Erfolg bezahlt werden (z. B. von der Belegschaft, der Allgemeinheit oder der Umwelt). Auf diesen Punkt kommen wir später wieder zurück.

Nein – wie auch immer man die Qualität der Manager erfassen will, ein Argument für eine Explosion der Gehälter liefert sie nicht.

▸ **Risiko**

Von unternehmerischem Risiko wird zwar gern gesprochen, aber haben die Topmanager großer Unternehmen eigentlich eines? Geht Kapital verloren, ist es das der Anteilseigner. Gehen die Geschäfte schlecht, werden die Mitarbeiter entlassen.

Gemäß der alten Volksweisheit, wonach Rabenvögel einander nicht blenden, ist mir kein Fall bekannt, bei dem ein wegen Erfolglosigkeit entlassener Spitzenmanager die Belastbarkeit des sozialen Netzes im Selbstversuch testen musste. Dies geschieht offenbar nicht einmal bei Vorliegen strafbarer Handlungen.

Eine weitere Weisheit liefert uns das Militär: „Ein General, der in der Schlacht fällt, war kein General." So ist das.

Nein – das eigene wirtschaftliche Risiko kann es wirklich nicht sein.

Allerdings muss man den Topmanagern zugute halten, dass sich in jüngster Zeit zwei neue Formen des Risikos für sie herausgebildet haben, die früher kaum bekannt waren.

Zum einen leiden die Repräsentanten eines großen Unternehmens unter mangelnden Erfolgen zwar nicht wirtschaftlich. Die ehedem stabile Aura der Mächtigen, die Kritik an der Person niederhielt, ist jedoch seit Jahren verflogen. Sobald die Kunde von enttäuschenden Ergebnissen den Weg in die Öffentlichkeit gefunden hat, beginnt die medienträchtige Demontage der Führungsfiguren – unabhängig von ihrer persönlichen Schuld. Mit einer einzigen Zeitungsauflage oder einem Magazin im TV kann ein Siegertyp zum Volldeppen werden. Wer sich auf einen Top Job einlässt, nimmt also das Risiko in Kauf, überregional am Pranger zu enden. Dieses Risiko darf einen Preis haben.

Dabei trifft das Pranger-Risiko nicht nur erfolglose Manager. Anderen wächst das Risiko öffentlicher Brandmarkung gerade auch im Erfolgsfalle zu, nur wegen der Branche, in der sie arbeiten. So wird bereits seit Jahrzehnten die erhabene Integrität des traditionellen Bankiers den Managern im Finanzsektor (Banken und Versicherungen) von der öffentlichen Meinung nicht mehr zugebilligt. Vielmehr ist eine latente, zum Teil sogar unverhohlene Vorverurteilung spürbar. So als könnte jemand, der mit viel Geld umgeht, ohnehin nur ein Verbrecher sein. Solcher Generalverdacht wird in jüngerer Zeit auf andere Branchen ausgeweitet, etwa auf Energie und Pharma. Nicht gelöste gesellschaftliche Probleme regnen als Stigma nieder auf die – mehr oder minder zufällig – in den betroffenen Branchen arbeitenden Manager.

Wenn man unterstellt, dass, je höher ein Manager aufsteigt, der geldwerte Vorteil an relativer Bedeutung für ihn verliert und stattdessen die Befriedigung des eigenen Geltungsbedürfnisses den maßgeblichen Anreiz darstellt, so sind die beschriebenen Risiken eine wahre Geißel. Sowohl der vom Erfolg verlassene als auch der branchenstigmatisierte Manager werden Opfer öffentlicher Demütigung. Gesichtsverlust statt Glorienschein – das schmerzt.

Die letztgenannten sind wohl die wahren Risiken, denen Topmanager heute unterliegen. Stellt man sich nicht auf den Standpunkt „Selber schuld!", kann hier durchaus eine Grundlage bestehen für erhebliche Risikoprämien – oder nennen Sie es: Schmerzensgelder.

▸ Verantwortung

Mit Ausnahme einiger Denkschulen, die Besitzlosigkeit predigen, ist es kulturübergreifend üblich, jenen, die Macht haben und daher auch Verantwortung tragen, sowohl den Status des „Würdenträgers" als auch ein (z. T. extrem) herausgehobenes Besitztum zuzubilligen.

So wird auch in der Diskussion um Managergehälter häufig geltend gemacht, „die da oben" hätten heutzutage eine so hohe Verantwortung zu tragen, da seien auch Millionengehälter nicht zu üppig. Die Beliebigkeit dieses Argumentes erkennt man daran, dass es Politikern nicht zuteil wird; Spitzensportlern jedoch schon.

Wenn dieses Argument dennoch Gewicht haben soll, gilt es im Blick darauf zu differenzieren, wem gegenüber Manager Verantwortung tragen.

- Kapitaleigner: Unter dem Einfluss des *Shareholder Value*-Gedankens lastet hier in der Tat ein verstärkter Druck auf dem Management. Diesen Punkt sollten wir im Auge behalten.
- Kunden: Die Zuverlässigkeit der Versorgung mit nachgefragten Leistungen ist ein wichtiger Punkt. Allerdings gehört dies zu den elementaren Pflichten eines Leistungsanbieters. Darüber hinaus werden wohl die Kunden kein Interesse an der Einkommensmaximierung des Managements haben.
- Belegschaft: Hier liegt ein zentraler Punkt für jede Führungskraft, deren Handlungen und Entscheidungen auf das Schicksal, speziell die materielle Lebensgrundlage anderer maßgeblichen Einfluss haben. Die Entwicklung am Arbeitsmarkt und speziell das Verhalten einer Reihe von erstklassig verdienenden Unternehmen, die dennoch kräftig Personal freisetzen, liefert allerdings kaum Anhaltspunkte dafür, dass den Topmanagern des Landes die Erhaltung der Lebensgrundlage ihrer Mitarbeiter ein echtes Herzensanliegen ist. Vielmehr wird die Verantwortung sozialisiert, das heißt, dem Staat zugeschoben.
- Gesellschaft: Wer viel Einfluss hat, soll ihn auch angemessen für die Gemeinschaft einsetzen, deren Teil er ist. Dieser Grundsatz wird leider dort unterlaufen, wo sich Unternehmen international (eigentlich: übernational) – besser noch: global – aufstellen. Welcher Gesellschaft soll man sich denn verpflichtet fühlen? Welcher Gesetzgebung? Welcher Ethik? Und auch dort, wo keine Flucht über die Landesgrenzen die Flucht aus der Verantwortung begünstigt, zeigt allein ein Blick über die Themen Arbeitsmarkt, Umwelt, Steuerehrlichkeit u. a. keine rapide steigende Übernahme von Verantwortung für das Wohl der Gesellschaft.

Der differenzierende Blick über die einzelnen Felder der Verantwortung von Managern liefert ein uneinheitliches Bild. Da bleibt auch die

Suche nach Argumenten für steigende Managergehälter im Ergebnis diffus.

► Glück

Aus dem Alltag kennen wir den Faktor „Glück" als eine der maßgeblichen Ursachen für dramatischen Geldzufluss. Deshalb spielt man ja Lotto, setzt auf Pferde oder hofft auf eine Erbschaft von entfernten Verwandten.

Glück – oder vornehmer: Fortune – wird naturgemäß auch dem Spitzenpersonal zuteil. Doch wird hier gern die Abgrenzung zur Leistungsqualität aufgegeben. Der Topmanager verkauft vorteilhafte Entwicklungen eben als Eintreten seiner professionellen Erwartungen. Es gilt:

Erfolg = Ergebnis cleveren Managements
Misserfolg = Pech

Entgegen der Volksweisheit wird Glück leider nicht nur dem Tüchtigen zuteil, sondern verhält sich unberechenbar: Auch Versager können Glück haben und als Sieger dastehen. Diese banale Alltagsphilosophie erhält im Topmanagement allerdings Kapital schaffende Bedeutung.

Wie schon unter „Qualität" erwähnt, wird die Entlohnung der Topmanager immer häufiger neben einem Festgehalt über Aktienoptionen o. Ä. an die Wertentwicklung der Unternehmensaktie geknüpft. Damit kommen den Begünstigten auch alle positiven Faktoren außerhalb der eigenen Managementleistung zugute, z. B.

- Natur: Bebt die Erde oder fegt ein Sturm über das Land, haben zwar die Versicherer Pech, aber die Anbieter von Hilfsgütern und Aufbauleistungen machen unerwartet glänzende Geschäfte.
- Politik: Bei Schneefall jubelten bisher die Reifenhersteller. Deren Wetterglück wird mit Blick auf die Klimaerwärmung nun

vom Gesetzgeber durch eine Winterreifenpflicht garantiert. Auch die Autobauer haben Glück: Viele Bewohner der neu geschaffenen „Umweltzonen“ müssen sich qua Gesetz ein neues Auto kaufen. Von der Abwrackprämie schweigen wir lieber ganz.

- Angst: Wenn in der Bevölkerung Panik wegen irgendeiner Hühnerpest ausbricht, bekommen die Pharmavorstände einen höheren Bonus.
- Geschmack: Niemand kann vorhersehen, dass ein zweckfreier Gegenstand wie ein Tamagoshi Kinder glücklich macht. Doch der Produzent gilt als Genie.
- Stimmung: Macht sich an der Börse Optimismus breit, bekommt der Markt Flügel und hebt auch die Aktien von Unternehmen an, die gar nichts Positives gemeldet haben.

Aus vielen verschiedenen Ursachen kommen Managern *Windfall Profits* zugute, Gewinne also, die entstehen, weil der Wind günstig steht. Hier zeigt sich der Unterschied zwischen Verdienst und Entlohnung. Eine Erklärung für hohe Managerbezüge ist das schon, aber keine Begründung.

Vorläufiges Fazit:

Weder die Mechanismen des Marktes noch die Aspekte der Leistung von Topmanagern haben uns bis hierher eine auch nur annähernd hinreichende Erklärung für die Gehaltsexplosion geliefert.

Eine mathematische Formel für Angemessenheit gibt es indes nicht. Vielmehr gilt der marktwirtschaftliche Grundsatz, dass Angebot und Nachfrage im freien Spiel einen Preis finden, den Anbieter und Nachfrager für angemessen halten. Stimmen also die Aufsichtsräte eines Unternehmens einem hohen Managergehalt aus freien Stücken zu, so tun sie dies in der subjektiven Überzeugung, die Leistung des Managers sei es wert.

Außenstehenden mag die Wertfindung der Beteiligten nicht nachvollziehbar sein. Das ist allerdings bei einer privatrechtlichen Vereinbarung auch nicht nötig. Öffentliche Kommentierung ist da entbehrlich.

Insofern hat die Bundeskanzlerin Recht, wenn sie sagt, in der Privatwirtschaft gezahlte Gehälter seien nicht per Gesetz zu regeln.

Bis hierher ist bei den Managergehältern doch alles in schönster Ordnung.

Es sei denn, die von uns kausal noch immer nicht abschließend erklärte Gehaltsexplosion hätte etwas mit Leistungsaspekten zu tun, die wir noch nicht in den Blick genommen haben. Solche zusätzlichen Aspekte wären insbesondere dann für unsere Untersuchung bedeutsam, wenn sie Entwicklungen auslösten, die der Gesellschaft doch nicht egal sein dürfen.

Eifrigen Krimilesern mag an dieser Stelle ein Gedanke durch den Kopf schwirren: Wenn man eine Person beobachtet, die offenkundig sehr viel mehr Geld erhält, als sie dem Augenschein nach verdient, muss der scharfsinnige Detektiv da nicht kombinieren: Da wird jemand für etwas bezahlt, das verdeckt gehalten wird, weil es Anstoß erregen könnte?

Erinnern wir uns an eine Auffälligkeit aus der vorstehenden Analyse:

- Die deutlich gestiegene Verantwortung der Manager gegenüber den Kapitaleignern, auch in der kurzfristigen Betrachtung ständig eine attraktive Kapitalverzinsung zu erwirtschaften.

Die Topmanager stehen also unter extrem hohem Druck, Wertzuwachs zu erwirtschaften. Wenn der regulär zu erwirtschaftende Erfolg nicht ausreicht, bleibt nur der Weg, Grenzen zu überschreiten. Solche Grenzen können dort verlaufen, wo die oben beschriebenen Verantwortlichkeiten liegen: insbesondere im Verhältnis zur Gesellschaft, aber auch gegenüber Kunden und Mitarbeitern.

Liegt die Lösung unseres Rätsels also in der Verformung des Leistungsverhaltens der Manager unter dem Druck der Kapitaleigner? Betrachten wir unter diesem Blickwinkel noch einmal unseren Leistungskatalog:

- **Quantität** oder Leistungsmenge

Bisher haben wir nur Aspekte des *Tuns* betrachtet. Es ist jedoch auch denkbar, dass jemand für *Nicht-Tun*, also für Unterlassungen, entlohnt wird. Dies kann etwa für Handlungen gelten, die nach allgemeinem Verständnis geboten wären, in einem speziellen Interesse (z. B. an der Steigerung des Börsenkurses) jedoch unterbleiben. Stellen Sie sich Schutz- oder Vorsorgemaßnahmen vor, aber auch Offenbarungspflichten.

Wenn in einem Unternehmen Handlungen oder Unterlassungen vorkommen, welche tunlichst nicht ins Licht der Öffentlichkeit geraten sollten, da sie einen Skandal oder staatsanwaltliche Ermittlungen auslösen würden, so besteht naturgemäß unternehmensseitig ein starkes Interesse daran, dass die beteiligten Manager der (ggf. moralisch drängenden) Versuchung widerstehen, ihr Wissen zu offenbaren.

Besonders vital ist dieses Problem, wenn Manager das Unternehmen verlassen. Brennend wird es, wenn der Manager im Streit geht, am Ende gar „gefeuert" wird.

Aus dieser Perspektive wird nun verständlich, wie es geschehen kann, dass Manager, die ihr Unternehmen ruhmlos verlassen, dennoch bedeutende Geldbeträge mitnehmen dürfen.

Im allgemeinen Sprachgebrauch nennt man das „Schweigegeld".

Preise in dieser Kategorie sind in der Regel hoch.

- **Qualität** der Leistung

Den Qualitätsaspekt haben wir zunächst im Sinne eindeutig konstruktiver Handlungen verstanden, die durch die hochkarätige Befähigung eines Managers veredelt werden. Doch kann ein Manager unter dem

Druck des Shareholder Value immer so entscheiden, wie er persönlich es für angemessen und verantwortbar hält? Oder muss er im Interesse der Anteilseigner sein Gewissen beugen und sich mit einer fürstlichen Entlohnung trösten? In diesem Fall realisiert sich die Qualität der Managementleistung in der geschmeidigen Überwindung eigener moralischer Schranken. Infrage kommen Prämien für

- ethisch fragwürdige und schwer verantwortbare Entscheidungen
- das Geschick, den Preis für einen hohen Börsenkurs andere (Allgemeinheit, Staat, Mitarbeiter, Kunden, etc.) zahlen zu lassen
- Verdeckungstaten im Interesse des Unternehmens und seiner Organe, also dafür, Dreck unter den Teppich zu kehren.

Wenn jemand eine von ihm zu treffende Entscheidung unter dem Einfluss von Geld im Interesse des Geldgebers verändert, bezeichnet man diesen Vorgang als „Korruption". Die jeweils Geschädigten werden vielleicht eher von einem „Judaslohn" sprechen.

Auch in dieser Kategorie sind die Preise in der Regel hoch.

► Risiko

Wenn man unterstellt, dass Manager unter dem Zwang stehen, im Interesse der Erhaltung ihres Status und für ein Spitzengehalt Dinge zu tun, die sie moralisch nicht vertreten können, so erkennt man auch eine zusätzliche Kategorie von Risiko, dem sie ausgesetzt sind. Wer Entscheidungen trifft, Handlungen und Unterlassungen begeht, für die man ihn belangen kann, läuft Gefahr, enttarnt und öffentlich verurteilt zu werden.

Plastisch erkennt man dieses Risiko an der unverhohlenen Freude, mit der Journalisten der Öffentlichkeit Bilder von Vorständen präsentieren, die vor Gericht erscheinen müssen. Wohlgemerkt: vor einer möglichen Verurteilung. Im Mittelalter kann eine Auspeitschung auf dem Marktplatz für die Betroffenen kaum beschämender gewesen sein. Die Inkaufnahme dieses hohen, ggf. das öffentliche Ansehen vernichtenden Risikos werden sich Manager bezahlen lassen.

Auch in dieser Kategorie sind die Preise in der Regel hoch.

▸ Verantwortung

Oben habe ich vier Felder benannt, auf denen Spitzenkräften der Wirtschaft durch ihre Tätigkeit zwangsläufig hohe Verantwortung zuwächst. Jeder Einzelne muss für sich in häufig schwierigen Prozessen klären, wie er im konkreten Fall die ggf. konkurrierenden Interessen gewichten und seine persönliche Verantwortung leben will.

Brisant werden diese Prozesse, wenn eine der Parteien – hier muss unser Augenmerk aktuell den Anteilseignern gelten – ein Machtübergewicht erhält. Will der Manager nicht seine Demission riskieren, muss er sein eigenes Wertempfinden verbiegen und der machtvollsten Interessengruppe ein Primat einräumen zulasten der berechtigten Interessen aller anderen Gruppen. Letztlich muss er Teile seiner an sich unveräußerlichen Verantwortung verleugnen, um selbst zu überleben.

Bei Menschen, die noch Schmerzen empfinden können, wenn sie in den Spiegel schauen, muss die Vergewaltigung des eigenen Verantwortungsbewusstseins schwere Krämpfe auslösen.

Diese Schmerzen durch liquide Mittel zu lindern, ist gewiss teuer.

▸ Glück

In der Wirtschaft ist das Glück der einen häufig das Pech der anderen. Manipuliert jemand sein Glück zulasten anderer, ist dies besonders hinterhältig. So etwa, wenn Manager als Besitzer von günstigen Kaufoptionen für die Aktien des von ihnen geführten Unternehmens nicht auf ihr Spekulanten-Glück warten, sondern ihre Macht derart gebrauchen, dass andere den Preis zahlen müssen für den Gewinn, den die Manager selbst einstreichen wollen.

Mögliche Opfer sind

- Mitarbeiter, die arbeitslos werden, damit die Kosten sinken
- Kunden, die missbräuchlich ausgeplündert werden (betrachten Sie mal Ihre Strom- und Gasrechnung)
- der Fiskus, dem Steuern vorenthalten werden
- Sozialkassen, die zusätzliche Lasten tragen müssen.

Die gern neben dem Festgehalt ausgelobten Aktienoptionen sind also keine spekulative Zusatzchance (wie z. B. ein geschenktes Lotterie-Los), sondern eine Aufforderung, die Entwicklung des Aktienkurses mit allen zur Verfügung stehenden Mitteln zum eigenen Vorteil zu verändern (franz.: *corriger la fortune*).

Einen hohen Preis andere bezahlen zu lassen, die dem Deal gar nicht zugestimmt haben, ist extrem perfide.

Treffer! Da haben wir doch noch Erklärungsansätze für die Explosion der Managergehälter gefunden.

Und diese Erklärungen sind mit marktwirtschaftlichem Denken absolut vereinbar. Es werden zusätzliche Leistungen verlangt, dafür gibt es zusätzliches Geld. Werden sogar außerordentliche Leistungen gefordert, fließt auch außerordentlich viel Geld.

Diesen Zusammenhängen wohnt auch ein Mechanismus der Selbstrechtfertigung inne: Wer in der marktwirtschaftlichen Ordnung viel Geld verdient, kann sagen, er habe nichts falsch gemacht. Auch ein Manager, der fürstlich entlohnt wird, darf folglich den Schluss ziehen, dass sein Handeln offenbar erfolgreich, ergo richtig war (Merke: Erwerb von Geld = Ausdruck von richtigem Handeln).

Je höher die Kompensation ist, die ein Leistungsträger bekommt, umso stärker fördert sie nicht nur sein

- Selbstwertgefühl (das sei ihm gegönnt) und seine

- Identifikation mit dem Unternehmen (das ist bis dahin ja eine gute Sache),

sondern auch

- die Beruhigung seines Gewissens, dahingehend, dass das, was er verantwortlich getan hat, klug, richtig, erfolgreich, ertragbringend, notwendig, gerechtfertigt, legal und letztlich irgendwie moralisch auch vertretbar gewesen sein muss;
- die Verpflichtung, bei aufkommenden Zweifeln dem Unternehmen, das ihn schließlich so gut entlohnt hat, nicht durch öffentliches lautes Nachdenken in den Rücken zu fallen.

Allerdings müssen wir eine vorhin zunächst bestätigte These nun aufgeben. Wenn in der Wirtschaft Prämien gezahlt werden für Leistungen, die gegen Regeln, Moral und Interessen der Allgemeinheit verstoßen, so ist dies keine Privatsache mehr, sondern ein Politikum.

Für Spitzeneinkommen, deren Rechtfertigung sich aus der Addition ergibt:

Führungsleistung
\+ Judaslohn
\+ Schweigegeld,

muss die Gesellschaft sich interessieren, will sie nicht fortwährend mit der **Pecunia/Cavas-Korrelation**[2] leben, welche da lautet:

Je mehr Geld ein Manager bei seinem Abgang scheinbar grundlos erhalten hat, umso schwerer ist das Gewicht der Leichen im Keller des Unternehmens.

In Anlehnung an eine oben bereits getroffene Begriffsdefinition für die Gestaltung von Entscheidungen unter dem Einfluss des Geldes von

2 (aus lat.:) Geld-Keller-Beziehung

Interessengruppen bezeichne ich die zuletzt beschriebenen Phänomene als **Hyper-Korruption**.

„Hyper", weil sie

- den Rahmen vertretbaren wirtschaftlichen Denkens sprengt
- in der obersten Gesellschaftsschicht stattfindet und
- höchstrangige gesellschaftliche Interessen verletzt;

„Korruption", weil dieser Begriff in seiner Härte dem aus Egoismus verursachten gesellschaftlichen Schaden gerecht wird.

Um Fehlinterpretationen vorzubeugen: Bei der notwendigen gesellschaftlichen Diskussion der Hyper-Korruption kann es nicht darum gehen, einzelne Personen anzuklagen, die sich ggf. mit einiger Berechtigung selbst als Opfer ihrer Situation sehen. Das Ziel sollte vielmehr in einer Neujustierung von Mechanismen bestehen, die in ihrer heutigen Gestalt sowohl das Wirtschafts- als auch das Gesellschaftssystem beschädigen.

Übrigens: Ein mittelständischer Unternehmer könnte eine Aufweichung von Moral und Ethik nicht an der Anonymität des Kapitalmarktes oder der Verstrickung in einem komplexen Konzern festmachen. Er wird sich das demnach sehr gut überlegen. Einen Mitarbeiter, der aus eigenem Antrieb gegen sein Gewissen handelt, um seinen persönlichen Erfolg zu steigern, würde er beim ersten Mal abmahnen und im Wiederholungsfall rauswerfen.

2.2 Schwellkopp

Fazit

Die vorstehenden Betrachtungen müssen ernste Zweifel wecken, ob der Kopf unseres Fisches wirklich sein edelster Körperteil ist.

Was sind nicht in den letzten Jahren für Kriterien als erfolgsrelevant für die Spitzenkräfte empirisch untersucht worden, als da wären:

- die Fähigkeit, sich in Netzwerken zu organisieren. Das ist sehr hilfreich, denn in Momenten der Not ist es noch besser, sich gegenseitig an den Händen fassen zu können, als das berühmte „Pfeifen im Walde";

- die Fähigkeit, sich positiv zu profilieren (schon wieder „Versailles");
- internationale Erfahrung; vielen Gescheiterten ist die Möglichkeit, sich ohne Anpassungsprobleme ins Ausland absetzen zu können, schon sehr zustatten gekommen.

Aber das ist alles nur vordergründig. Stattdessen sehen wir frühere Hinweise (wie etwa das prominente „Peter-Prinzip"[3]) in ihrer kritischen bis zynischen Haltung bestätigt.

An der Spitze einer Hierarchie sollte ihre Elite stehen – nicht eine Anhäufung systembedingter Peinlichkeiten.

3. Rückgrat-Syndrom

Strategische Fehler

Die nachfolgenden Beobachtungen folgern fast selbstverständlich aus dem Fischkopf-Syndrom. Wie sollte auch eine Führungsspitze, die in ihrer Auswahl und ihren Verhaltensmustern die nur beispielhaft beschriebenen Verformungen aufweist, in der Lage sein, den für die Wahrnehmung ihrer Position erforderlichen strategischen Weitblick zu entwickeln?

Man muss keine wissenschaftlichen Studien betreiben, um zum Beispiel an dem Hin- und Herspringen von Konzernen zwischen den Politiken „Diversifikation" (man stellt sich auf mehrere Beine) und „Konzentration auf Kernkompetenzen" (man tut nur, was man am besten kann) ein reines Herumprobieren zu erkennen, wo eine langfristig

---

3 Das Peter-Prinzip wurde von Laurence J. Peter und Raymond Hull in ihrem Buch „The Peter Principle" (1969) formuliert.

ausgerichtete Strategie gefordert wäre: nicht zuende gedachte Versuche und zu spät erkannte Irrtümer. Letztlich stellen sich durchschnittliche Teilnehmer an privaten abendlichen Gesellschaftsspielen auch nicht ungeschickter an.

Um den Rahmen dieses bescheidenen Büchleins nicht zu sprengen, wollen wir hier fokussiert betrachten, welche direkten Wirkungen das verformte Denken der Führungsspitze auf die darunterliegenden Managementebenen hat. Besondere Aufmerksamkeit verdienen dabei die Auswirkungen einer von den Führungszirkeln selbst verbreiteten Hektik im Denken und Handeln, getrieben von der Überzeugung, dass in der modernen Gesellschaft wesentliche Veränderungsprozesse immer häufiger und schneller ablaufen. Das mag eine Nebenerscheinung der an sich schon pathologischen Wachstums-Ideologie sein: Alles wird immer größer, perfekter, anspruchsvoller und schneller.

Dabei sind die Menschen die gleichen geblieben wie vor 5000 Jahren, als sie Pyramiden bauten. Nur ihre Überforderung wächst ständig.

An dieser Stelle sei ein Hinweis aus der Logik erlaubt: Wenn ein Betrachter meint, dass die von ihm beobachtete Umwelt sich immer schneller verändert, so kann diese subjektive Wahrnehmung auch darin begründet sein, dass seine eigene Fähigkeit zur geistigen Verarbeitung der Beobachtungen langsamer wird, also nachlässt.

Dem wahrhaft Leidenden machen indes pathologische Befunde nur dann wirklich Freude, wenn er sie zur Erbkrankheit ausbauen kann. So ist es namentlich dem Finanzsektor und den globalisierenden Großunternehmen („Heute erobern wir die Welt und morgen neue Märkte") gelungen, durch sinnreichen Ausbau des Börsenwesens und der daran andockenden Ratingagenturen ein System zu schaffen, das die Entscheidungsträger börsennotierter Unternehmen, die ja eigentlich strategisch orientiert denken sollten, zwingt, ständig detailliert zu berichten und Erfolge vorzuweisen. Man kann aber nicht gleichzeitig die Hosen runterlassen und große Sprünge machen.

Wenn wir uns vorstellen, ein solches System hätte bereits anno domini 1492 bestanden, so hätte Christopher Columbus niemals Amerika entdecken können, weil er jeweils nach einer Woche des gen Westen Segelns hätte drehen und zurückkehren müssen, um der spanischen Krone über seine Erfolge zu berichten.

Was macht also diese selbst erzwungene Maximalbeschleunigung mit den nachfolgenden Ebenen? Gibt es ein systeminduziertes Schleudersyndrom? Management by Tinnitus?

Wenn das Rückgrat des Managements zu kurz gerät, entstehen zwangsläufig am gesamten Skelett des Konzerns Verformungen.

Fragen wir uns im Folgenden konkret:

- Welche Qualität induziert der Zwang zum kurzfristigen Erfolg?
- Hat das Gute noch eine Chance auf Bestand?
- Wie wird Erfahrung zum Wettbewerbsnachteil?
- Wie konnte Loyalität in Verruf geraten?

Schauen wir – tunlichst unter Verzicht auf operative Hektik – auf die folgenden Schlaglichter.

3.1 Symptome

3.1.1 Auenwald

Nur kurzfristiger Erfolg zählt

Zielhierarchie bedeutet, dass sich aus den gegebenen Zielen der obersten Führungsebene für alle nachfolgenden Ebenen deren (Teil-) Ziele ableiten lassen. Erreichen alle Teile des Unternehmens ihre Ziele, sollte auch das Gesamtziel erreicht werden. Das gilt naturgemäß auch für die zeitliche Dimension.

Wenn also der Vorstand eines – insbesondere börsennotierten – Unternehmens der zwingenden Anforderung unterliegt, Erfolge kurzfristig vorzuweisen, wäre es widersinnig, wenn das ihm zuarbeitende

Mittelmanagement für die Erledigung seiner Aufgaben großzügige Zeitbudgets erhielte. Vielmehr müssen Teilergebnisse mindestens so zeitig vorliegen wie das Gesamtergebnis. Somit wird der Zwang zur Kurzfristigkeit hierarchisch nach unten zumindest gleichwertig weitergegeben, in der Regel sogar verstärkt, um Sicherheitspuffer zu haben und ein klein wenig das Gefühl der Macht genießen zu können.

Wohlmeinende Führungskräfte, die sich dieser streng logisch fundierten Mechanik entgegenzustellen versuchen, indem sie den Druck, der von oben kommt, nicht nach unten weitergeben, sondern für ihre eigenen Mitarbeiter abzumildern versuchen, indem sie ihn selbst auffangen, produzieren typischerweise ihrer Krankenkasse hohe Kosten und fallen dann früh aus.

Bildlich kann man sich diesen Mechanismus vorstellen wie ein System von Zahnrädern, die alle miteinander verbunden sind. Das größte Zahnrad definiert die Minimalgeschwindigkeit. Alle kleineren Räder drehen sich entsprechend schneller. Bei der Auflösung dieses Beispiels ist der Doppelsinn des Verbs „rotieren" besonders sinnfällig.

Welche Determinanten persönlichen Erfolges muss unter diesen Bedingungen eine aufstrebende Führungskraft also beachten?

- Sie muss durch markante Zielkonformität auffallen (vgl. „Versailles").
- Sie muss den kurzfristigen Vorgaben entsprechen, indem sie schnelle Erfolge vorzeigt – möglichst noch schneller als die Karrierekonkurrenten.

Was aber ist zu tun, wenn das eigene Arbeitsfeld seiner Natur entsprechend langfristig orientiert ist?

Ein aufstrebender Manager würde diese Bezeichnung nicht verdienen, wenn er sich fatalistisch in dieses Dilemma fügen und resignierend dem weiteren Aufstieg entsagen würde. Konstruieren wir ein Beispiel, um zu erkennen, was geschieht, und lassen wir erneut den uns bereits vertrauten Curt agieren.

Curt erhält einen Auftrag von großer gesellschaftlicher und ökologischer Relevanz: die Rekultivierung einer Flusslandschaft, die durch frühindustrielle Missgriffe denaturiert wurde. Curt soll den Auenwald wieder aufpflanzen!

Auf den ersten Blick ist dies eine Aufgabe voller ästhetischer Schönheit und vitaler Lebensbejahung. Auf den zweiten Blick muss Curt das Dilemma erkennen: Ein lebensfähiger Auenwald ist ein hochkomplexes System, in welchem eine Vielzahl z. T. sensibler Komponenten voneinander abhängen. Ein Teil dieser Komponenten, z. B. der Baumbestand, benötigt zudem ein langfristiges Wachstum, um zu entstehen und sich organisch in das System einzufügen.

Kurzum: Auenwald wächst nicht von heute auf morgen, sondern entsteht seiner Natur nach über einen längeren Zeitraum.

Wenn Curt dies mit den eingangs definierten Parametern für Erfolg abgleicht, kann er nur unglücklich sein. Was aber bleibt ihm zu tun, um seiner Karriere trotzdem auf die Beine zu helfen?

Sein Ziel muss es sein, nach – sagen wir mal – spätestens drei Jahren seine Vorgesetzten mit Erfolgsmeldungen von seiner Befähigung zu überzeugen. Bis dahin ist auch bei bestem Bemühen von einem Auenwald nur etwas Uferbegrünung, allenfalls etwas Buschwerk zu sehen; nichts jedoch, was man einen „Wald“ nennen könnte.

Grundsätzlich könnte Curt versuchen, seinen Auftrag umformulieren zu lassen, etwa dahingehend, die Flusslandschaft doch eher zu einer familienfreundlichen Erlebniswelt, sprich zu einem Rummelplatz umzuwidmen. Eine solche ließe sich mit etwas Kapitaleinsatz entsprechend kurzfristig aus dem, wenn auch feuchten, Boden stampfen. Nach Lage der Dinge könnte diesem Versuch allerdings die gesellschaftspolitische Wertigkeit des Projektes im Wege stehen. Curt muss einen anderen Weg suchen.

Wenn es unbedingt Auenwald sein soll, ein solcher sich aber nicht entsprechend schnell herstellen lässt, dann muss eben der Anschein von Auenwald erzeugt werden.

Curt wird also Formen schnell wachsender Flora suchen, die geeignet sind, den beobachtbaren Teil seines Projektes derart zuzuwuchern, dass der Eindruck einer üppigen Vegetation entsteht. Dabei darf man unterstellen, dass die Zielpersonen, deren Wohlwollen Curt erringen will, weder über eine hinreichende biologische Bildung und landschaftsgärtnerische Erfahrung verfügen, um das prima vista beeindruckende Ökosystem zu prüfen, noch genug Zeit aufbringen, plakative Erfolgsmeldungen vor Ort zu hinterfragen.

Im Ergebnis wird Curt also seinem Vorstand ein ins Kraut geschossenes biologisches Irgendwas als gedeihenden Auenwald vorführen, sich hierfür belobigen lassen und dann schauen, dass er fortkommt aus dem Sumpf, den er fabriziert hat.

Wenn wir dieses Erfolg versprechende Vorgehen von Curt nun auf den allgemeinen Fall anwenden, können wir folgende Taktiken zur Erzwingung von kurzfristigem Erfolg aus langlebiger Materie definieren:

- Zunächst gilt es, den Projekten durch Umdeutung des Zweckes den Charakter der Langfristigkeit zu nehmen und den Fokus der Betrachter auf einen anderen Zweck zu richten, dem kurzfristig entsprochen werden kann. Wenn Auenwald zu lange dauert, bauen wir eben einen grünen Vergnügungspark.
- Wenn eine Umdeutung nicht infrage kommt, ist das Projekt darauf zu untersuchen, ob an ihm Kriterien festgemacht werden können, die kurzfristig beeinflussbar sind und vorzeitig als Beleg für den Gesamterfolg präsentiert werden können. Das Kriterium „viel wachsendes Grün“ ist anschaulich und hat Chancen, als Indikator für Erfolg durchzugehen.
- Wurden solche Erfolgskriterien gefunden, muss man von dem Kernanliegen und den Hauptzielen des Projektes ablenken. Diskussionen über letztere müssen abgewürgt werden, um den Fokus auf die Aspekte mit kurzfristigem Erfolgshorizont zu justieren. Eine Analyse der Funktionsfähigkeit des entstehenden Biosystems muss (z. B. mit dem Hinweis mangelnder

Aussagefähigkeit) zur Seite gedrängt oder (etwa mit dem paradoxen Hinweis auf die Langfristigkeit der Effekte) in die fernere Zukunft verschoben werden. Dafür ist der dichte Bewuchs herauszustellen, indem man beispielsweise den Vorstand zu einem Meeting mitten ins Schilf setzt, wo man keine zwei Meter weit sehen kann.

- Keinesfalls darf an Mitteln gespart werden, um den gewünschten Repräsentationseffekt zu erzielen. Bisweilen wird gerade der hohe Mitteleinsatz als Indikator für die Bedeutung eines Projektes und das entschlossene Zupacken des Handelnden missverstanden. Menschen neigen zu der Annahme, dass jemand, der ein großes Rad dreht, damit auch einen großen Wagen bewegt. So darf im Vorzeige-Biotop nicht an Dünger für schnelles Wachstum gespart werden. Gegebenenfalls ist sogar an die Beschaffung zusätzlichen, quasi Potemkin'schen Pflanzenmaterials zu denken.

Wie vielleicht an der Person unseres Curt schon deutlich wird, kann man den so agierenden Managern nur begrenzt einen persönlichen Vorwurf machen: Sie schützen nur ihre Interessen und passen sich den Zwängen an. Hinzu kommt, dass man bei einer sinngerecht langfristig ausgerichteten Realisierung von Erfolg befürchten muss, niemand werde die Erfolgsgeschichte mehr hören wollen: Die Auftraggeber wechseln und auch die Politiken. Mit ihnen schwindet die Chance, mit den Projekten früherer Jahre noch Aufmerksamkeit und Anerkennung erringen zu können. Curts Auftraggeber würden den in seiner Ursprünglichkeit wiedererstandenen Auenwald nicht mehr erleben – zumindest ganz bestimmt nicht in ihrer damaligen Funktion.

Was sagen uns nun diese Erkenntnisse über die Wirkung vorgegebener Kurzfristigkeit auf die Arbeit des Managements im Unternehmen?

- Der erzwungene Zeitdruck induziert die Tendenz, die „Natur“ von Projekten und anderen Erfolgsfeldern, somit ihren Zweck und ihre Sinngebung, derart zu verändern, dass sie für das Management erfolgsfördernd sind.

- In einem großen System müssen Funktionen, Arbeitsfelder und Projekte im Interesse des Gesamterfolges ineinandergreifen. Wenn nun der vorgenannte Effekt auftritt, ggf. sogar massenhaft, dann wird das Passende durch das Unpassende ergänzt; Räder greifen nicht mehr ineinander, sondern aneinander vorbei; Impulse zerstreuen sich letztlich unkoordiniert im Raum des Systems.

Die Illusion des Vorstandes

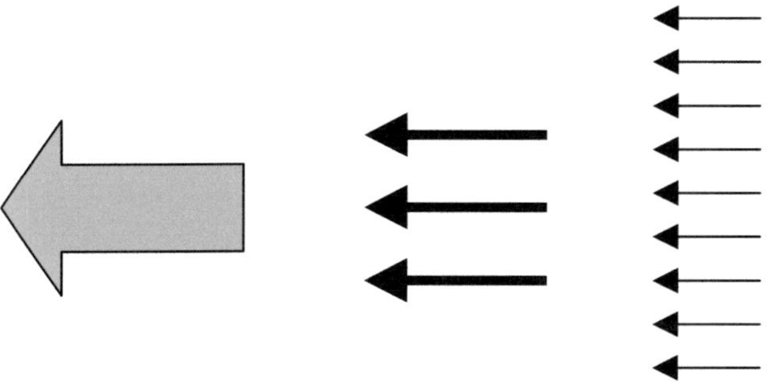

Die Realität unter Zeitdruck

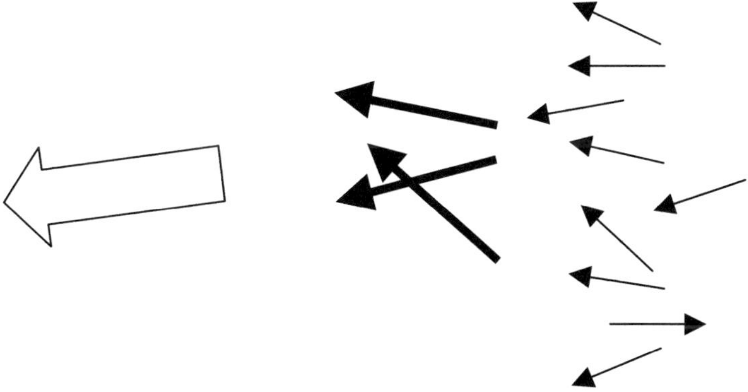

- Die Darstellungen der Vektoren lassen es bereits erahnen: Die jeweils managerindividuelle Suche nach Fluchtmöglichkeiten aus dem Zeitdruck bei gleichzeitiger Gesichtswahrung führt zu einem Auseinanderdriften der Beiträge, die eigentlich zum Unternehmenserfolg gebündelt werden sollten. So werden nicht nur die Kräfte des Unternehmens vergeudet, weil Manager mit der Bewältigung ihrer eigenen Problemsituation beschäftigt sind, sondern die nicht gleichgerichteten (Schein-) Ergebnisse entfalten untereinander Ablenkungs- und Bremswirkungen, die die Erfolgsfähigkeit des Unternehmens zusätzlich mindern.

Im Ergebnis sehen wir: Das Ringen um kurzfristigen Erfolgsnachweis ist kontraproduktiv und gefährdet die langfristige Wertsteigerung des Unternehmens. Je größer dieser Erfolgsdruck ist, umso konsequenter untergräbt er die Zukunftsfähigkeit.

Die Aktionäre wie auch die in ihrem vermeintlichen Interesse tätigen Analysten sitzen im Publikum und applaudieren einem Schauspiel, das da heißt: „schneller Erfolg", und realisieren nicht, dass die Akteure längst nicht mehr ihren eigentlichen Text sprechen und die Bühne unter der Gewalt des Kulissenschiebens allmählich wegbricht. Irgendwann fällt der Vorhang – auf den Boden.

Doch solange dieses Spiel von Verantwortlichen nicht erkannt oder die Erkenntnis verdrängt wird, werden schnelle Erfolge weiterhin undifferenziert als Ausweis der Kompetenz der Handelnden gelten. Dies obgleich gerade die große Perspektive der historischen Erfahrung diese Sichtweise nicht widerspruchsfrei unterstützt. So lässt sich etwa der Begriff „Blitzkrieg" nicht mit nachhaltigen und konstruktiven Ergebnissen verknüpfen. Auch neuere Erfahrungen in dieser Richtung („Mission accomplished") zeigen eher, dass nach allzu eilig ausgewiesenen Erfolgen das schlechte Ende nachkommt.

So wird auch verständlich, wie solide wirkende, langfristig orientierte Wertschöpfer, wie z. B. Immobilien (sei es über einen deutschen Fonds oder US-Hypotheken), zum Grab für das eingesetzte Kapital werden. Der Anleger glaubt, Immobilien können – im besten Wortsinne – nicht davonlaufen. Doch unter dem zeitkritischen Erfolgsdruck der Manager werden selbst diese mobil, sogar flüchtig.

Übrigens: Ein mittelständischer Unternehmer würde einen Mitarbeiter, der nur kurzfristige Vorzeigeerfolge anstrebt, während er den langfristigen Unternehmenserfolg untergräbt, schnell als Verletzer seiner Eigentümerinteressen erkennen, ihn beim ersten Mal abmahnen und im Wiederholungsfall rauswerfen.

3.1.2 Garten Eden

Veränderung um ihrer selbst willen

Was du ererbt von deinen Vätern hast,
erwirb es, um es zu besitzen.
(Goethe, Faust 1)

Goethes Zeilen weisen uns auf eine klassische Tugend hin: das Prinzip der Werterhaltung. Darin liegen Motive wie

- die Achtung vor der Leistung anderer
- die Bescheidenheit, nicht immer zu meinen, man könne alles besser als andere
- die Erkenntnis, dass man nur auf Bestehendes aufbauen kann, wenn man dieses auch achtet
- die Wertschätzung für das Ursprüngliche und für kreative Leistungen.

Diese Tugend wird in der heutigen Gesellschaft und weltweit in vielfältiger Form gelebt. Wie vital sie ist, zeigt sich am klarsten da, wo Verletzungen auftreten, z. B. bei der

- Erhaltung der Natur (Schöpfung) und der Lebensformen, die sie hervorgebracht hat. Wenn etwa Japaner unter dem Vorwand der Wissenschaftlichkeit massenweise Wale abschlachten, regt sich weltweit Protest. Die Folge: *Ächtung!*
- Erhaltung von Kulturgütern. Als die afghanischen Taliban in religiöser Verblendung monumentale Buddha-Statuen sprengten, die Kulturen lange vor ihrer Zeit erschaffen hatten, wurde dies weltweit als Zerstörung eines Teils unseres Kulturerbes gebrandmarkt. Die Folge: *Ächtung!*
- Erhaltung von Ideen. Die von den Nazis organisierten Bücherverbrennungen, mit denen symbolisch unerwünschtes Denken vernichtet werden sollte, lieferte vor der Welt den Beweis ihrer Kulturferne. Die Folge: *Ächtung!*

Der Gedanke der Werterhaltung ist demnach ein zentrales Element unseres Wertgerüstes. Seine Entsprechung im Bereich der Betriebswirtschaft hat er in der *Substanzerhaltung*.

Substanzerhaltung als Unternehmensziel hat eine lange Tradition und genoss eine breite Anwendung: Generationen von (insbes. Familien-)Unternehmern machten ihren Stolz daran fest, dem obigen Zitat folgend, den Betrieb, der ihnen anvertraut wurde, über alle Klippen und Herausforderungen ihrer Zeit hinweggeführt und unbeschadet an ihre Nachfolger weitergegeben zu haben.

Und wie viel gilt heute speziell in Großunternehmen diese Tugend? Machen wir doch einen Test, indem wir uns vorstellen, unser bereits bewährter Karriere-Tester Curt träte vor seinen Vorstand und präsentierte ihm folgende Ziele für seinen Verantwortungsbereich:

- die Erhaltung der bestehenden Strukturen (statt Initiierung eines Konzernumbaus)
- die Übernahme bewährter Methoden (statt anderer Methoden, die noch ungeprüft sind oder bereits bei früherer Gelegenheit versagt haben)

- den Zusammenhalt des seit langem eingespielten Teams (im Gegensatz zu „neuen Besen“ aus steigender Fluktuation).

Ganz im Gegensatz zu unserem vorigen Ergebnis wäre bei jedem dieser substanzerhaltenden Vorschläge die Folge: *Ächtung*!

Unserem Curt würde jedwedes Führungspotenzial abgesprochen, weil er keine Initiative zur Veränderung zeigte und sich somit als antriebsschwach, ideenlos und hoffnungslos altmodisch erwiese. Seine Karriere befände sich im Stadium post mortem.

Was also müsste Curt tun, um sich als systemkompatibel und im modernen Geiste erfolgsorientiert zu erweisen? Um dies zu illustrieren, greifen wir zu einem weiteren, in seiner extremen Ausgestaltung besonders eingängigen Beispiel: Nehmen wir an, Curt würde im Rahmen seines an Wertsteigerung orientierten Systems die Verantwortung für den „Garten Eden“ übertragen. Im landläufigen Sinne ist dies das Paradies, welches den Höhepunkt der Verheißung und in seiner Werthaltigkeit ein Optimum darstellt. Curt verwaltet also ein Optimum.

Doch erinnern wir uns an die letzten Erfahrungen: Erhaltung gilt als Stillstand. Stillstand ist Rückschritt. Rückschritt heißt Scheitern. Scheitern bedeutet Karriereende.

Curt darf also an die Erhaltung der paradiesischen Zustände keinen Gedanken verschwenden. Er kann nur glänzen, wenn er Initiative zur Veränderung entwickelt und aus seinem Verantwortungsbereich etwas Neues herausholt.

Praktisch heißt das:

- Der Garten Eden muss nach Curts erster Schaffensphase völlig anders aussehen als bei seinem Antreten.
- Es müssen Erträge erwirtschaftet und maximiert werden.

Bei der Umgestaltung darf nicht gekleckert, da muss geklotzt werden. Am besten lässt Curt alsbald größere Flächen im Garten durch Einsatz schweren maschinellen Gerätes komplett roden, um Raum für agrikulturelle Innovationen zu schaffen.

Auch die Artenvielfalt kann, allein mit Blick auf den Pflegeaufwand, keinen Bestand haben. Tiefergehende Analysen werden zeigen, dass die Konzentration auf eine kleine Zahl besonders ertragversprechender Nutzpflanzen eine optimale Performance verspricht. In der Folge entstehen auf dem – nun nicht mehr ganz so paradiesischen Areal – monokulturell genutzte Ackerflächen, umsäumt von Gewächshäusern für die industriell forcierte Fruchtausbringung. Dabei sollten als Saatgut neueste Produkte der Genforschung bevorzugt zum Einsatz kommen – möglichst im Erstversuch, um sich als Frontrunner zu profilieren.

Im Ergebnis wird Curt seinem Vorstand die Dokumentation eines umfassenden und konsequent exekutierten *Change Prozesses*, verbunden mit gesteigerten Ertragsüberschüssen aus dem Vertrieb von hochwertigen Agrarprodukten, präsentieren. Nicht erwähnen wird er den Tatbestand, dass das Paradies nicht mehr existiert. Aber das interessiert nur Nostalgiker, und die kommen selten in einen Vorstand.

Curt wird gelobt werden, einen hübschen Bonus erhalten und für einen Karrieresprung vorgemerkt werden. Um im Bild zu bleiben, darf er in seiner nächsten Funktion dann vielleicht den Himmel umgestalten.

Verdeutlichen wir uns noch einmal, was da abgelaufen ist. Grundsätzlich dient Curts Wirken dem Erreichen der Unternehmensziele, insbesondere der Maximierung des Unternehmenswertes – einem Optimum also. Er ist erfolgreich, indem er in seinem Verantwortungsbereich ein (Sub-)Optimum zerstört. Und dies aus systeminduziert zwingender Logik.

Wenn wir noch weiter verallgemeinern, so lässt dieses Phänomen den Schluss zu, dass in großen Systemen/Unternehmen die nominellen Ziele dadurch erreicht werden, dass unter dem herrschenden Zwang zur Veränderung auf den nachgeordneten Hierarchieebenen Erhaltenswertes zerschlagen wird, um Neues präsentieren zu können.

Noch allgemeiner: Das Gesamtoptimum soll erreicht werden durch die Zerstörung von Suboptima. Die Konstruktion soll erwachsen aus systematischer Destruktion, der Überwindung des Bewährten.

Gewiss kann nicht die Regel gelten, dass ein Gesamtoptimum nur erreichbar ist durch Generierung aller möglichen Suboptima. Doch das Gegenteil dieser Aussage ist mit großer Gewissheit erst recht nicht zutreffend.

Das im Labor unserer Erfahrung durchdachte Experiment muss also erhebliche Zweifel daran wecken, ob die bestehenden Unternehmenskulturen, soweit sie auf kurzfristigen Erfolg durch laufende Veränderung gründen, überhaupt in der Lage sind, nachhaltige Wertsteigerung zu schaffen. Wahrscheinlicher ist das gehetzte Aufpumpen von großen, schillernden Blasen, deren Substanz umso fragiler wird, je länger der Prozess andauert.

Übrigens: Ein mittelständischer Unternehmer wird der Zerstörung von betrieblichen Werten, die immerhin Teil seines persönlichen Vermögens sind, sehr entschlossen entgegentreten. Sollte also ein Manager sein Erneuerer-Image durch Zerschlagen des vorhandenen Porzellans beweisen wollen, so wird er ihn beim ersten Mal abmahnen und im Wiederholungsfall rauswerfen.

3.1.3 Juniorität

Kritiklosigkeit ist erwünscht

„Vielleicht hätten Sie jemanden fragen sollen,
der sich damit auskennt."

Dieser Slogan, mit dem die Deutsche Telekom ihre Branchenfernsprechbücher bewirbt, hat sich zum geflügelten Wort entwickelt. Was ist daran so witzig? Offenbar der konträre Gedanke, man könne den Rat einer Person suchen, die sich mit der Materie nicht auskennt. Das wäre grotesk.

Das „Auskennen“ könnte sich auch auf rein Kognitives beziehen, nimmt in der Regel aber Bezug darauf, dass jemand, dessen Rat man einholt, sich mit der fraglichen Materie bereits früher schon – möglichst häufiger – beschäftigt hat. Kurz gesagt: Wenn wir Rat und Hilfe suchen, dann tun wir dies bei jemandem, der unser Vertrauen verdient, weil er *Erfahrung* hat.

Dieses Verhalten ist kein neues Ergebnis menschlicher Intelligenz. Ganze Elefantenherden laufen hinter derjenigen Leitkuh her, von der sie wissen, dass sie beim Aufspüren des lebensnotwendigen Wassers die größte Erfahrung hat. Überhaupt fußt jede höhere Sozialordnung darauf, dass Erfahrung weitergegeben wird. Von den bestehenden Erfahrungen abweichende Handlungen sind nur dann als konstruktive Beiträge zu werten, wenn sie den Zweck verfolgen, den Erfahrungsschatz zu ergänzen. Das geschieht sinnvollerweise dort, wo hergebrachte Vorgehensweisen ein nicht (mehr) befriedigendes Ergebnis liefern. In jedem Fall – ob man die eingefahrenen Wege wählt oder sich bewusst versuchsweise für einen nicht erprobten Weg entscheidet – ist Grundlage des Vorgehens immer die Erfahrung.

Vor diesem Hintergrund muss die Tatsache überraschen, dass in großen Unternehmen – häufig mit dem Argument, Platz für Jüngere schaffen zu müssen – massiv Mitarbeiter mit langjähriger Erfahrung freigesetzt werden. Kann es für dieses Massenverhalten einen nachvollziehbaren Grund geben?

Geht es vielleicht um die *Optimierung der Strukturen*?

Anders gefragt: Unter welchen Bedingungen könnte eine (unter erwachsenen Menschen) möglichst junge Gruppe die besten Ergebnisse erzielen?

- Dies könnte gelten, wenn der entscheidende Erfolgsfaktor die körperliche Belastbarkeit wäre. Wenn man also z. B. Manager bräuchte, die die aufstrebenden Märkte in Asien von Europa aus notfalls auch zu Fuß erreichen können, so spräche dies für ein Team mit besonders unverbrauchtem Bewegungsapparat.

Indes sind die Anforderungen an das Management in der Regel eher intellektueller als physischer Natur. Sollte in einem Unternehmen der Stress so groß sein, dass daraus eine zwingende körperliche Anforderung entsteht, sollte man eher die Betriebsorganisation und -kultur hinterfragen als die Belegschaft verjüngen.

- Die Jugend könnte auch punkten, wenn Unvoreingenommenheit ein Vorteil wäre. Diese liegt allerdings im strengen Sinne nur vor bei gänzlicher Unkenntnis des Hergebrachten.

Diese Aspekte liefern wohl kein Argument dafür, dass die Struktur einer Belegschaft durch einseitige Verjüngung („Je jünger, umso besser") zu optimieren wäre.

Mao Tse Tung hat die Optimierung der gesellschaftlichen Verhältnisse unter der Bedingung einer *„Permanenten Revolution"* verheißen. Könnte ein Vorteil für Unternehmen darin liegen, das eigene Human-Kapital durch ständige Überwälzung bei gleichzeitigem Unterpflügen des Erfahrungspotenzials quasi permanent zu revolutionieren? Man bedenke, dass die ehemaligen 68er schon seit Jahren im besten Vorstandsalter sind, ja vielleicht schon an den Schwellen der Aufsichtsräte stehen.

Unsere Sprache hat für Versuche dieser Art eine Metapher entwickelt: „das Rad neu erfinden". Bleiben wir doch bei diesem Bild und stellen wir uns eine archaische Gesellschaft vor, die das Rad kennt und nutzt, nun aber eine revolutionäre Idee zur Dynamisierung ihrer Entwicklung hat: Man wird vor der kommenden Generation alle vorhandenen Räder und rollenden Fahrzeuge verstecken. Dann stellt man den jungen Leuten anspruchsvolle Aufgaben, die das Bewegen schwerer Lasten bedingen, und hofft auf deren innovatives Potenzial. Was wird geschehen?

Da die Benutzung des Rades dem Homo sapiens nicht genetisch vorgegeben ist (was praktisch gewesen wäre), ist mit einer Neu-Erfindung in der nächstfolgenden Generation nur mit extrem geringer Wahrscheinlichkeit zu rechnen. Die so Herausgeforderten werden sich also mit diversen kraftraubenden Techniken behelfen müssen. Bei konsequenter Umsetzung des Vorhabens würde das Rad als Hilfsmittel sogar binnen weniger Jahrzehnte vollständig in Vergessenheit geraten. Im schlimmsten Fall wird die Zivilisation dauerhaft zurückgeworfen.

Im günstigeren Fall würde nach einer schwerlich vorhersagbaren Zeit ein kluger Kopf tatsächlich erneut auf die Idee des rollenden Rades kommen. Doch bis zur Einsatzreife wären noch Achsen, Naben, Deichseln usw. zu entwickeln. Wie bekannt, ist der Weg von der Invention zur Innovation lang. Was aber hätte die Zivilisation gewonnen? Sie hätte vorsätzlich einen Rücksturz in ihrer Entwicklung verursacht. So jedenfalls funktioniert die Evolution nicht.

Im allergünstigsten Falle hätte ein Genie eine noch bessere Lösung finden können – vielleicht die Überwindung der Schwerkraft. Aber wer glaubt daran?

Letztlich sieht es nicht so aus, als läge in der planmäßigen Preisgabe des angereicherten Human-Kapitals ein zuverlässiger Erfolgsweg.

Bei Maschinen unterscheidet man neben einer technischen auch eine wirtschaftliche *Abnutzung*. Die technische Abnutzung entsteht, weil eine Maschine durch die Arbeit, die sie leistet, mechanisch verschleißt und so im Laufe der Zeit ihre Funktionalität verliert. Das kann übrigens auch bei Nichtbenutzung durch Verrottung geschehen.

Die wirtschaftliche Abnutzung ergibt sich dagegen, unabhängig von Dauer und Intensität der Nutzung, durch den Fortschritt etwa der Ingenieurtechnik im Maschinenbau. Maschinen verlieren ihren Wert, obgleich sie noch voll funktionsfähig sind, also Nutzen stiften können, allein aufgrund der Tatsache, dass modernere Maschinen entwickelt worden sind, die effektiver und effizienter arbeiten.

Kann es sein, dass Manager in vergleichbarer Weise verschleißanfällig sind?

- Da ist zunächst der technische Verschleiß durch Ausübung der beruflichen Tätigkeit. In der Tat kennt man dieses Phänomen bei körperlich belastenden Berufen. Bei manchen Handwerkern tritt schon in mittlerem Alter eine Berufsunfähigkeit ein, weil besonders beanspruchte Körperteile (z. B. Gelenke) nicht mehr hinreichend gebrauchsfähig sind. Im Diskurs um ein angemessenes Renteneintrittsalter werden ja gern die Dachdecker zitiert. Der maßgebliche Körperteil bei Managern ist jedoch der Kopf. Es gibt wohl kaum Stimmen, die behaupten, durch häufiges und intensives Denken leide die Leistungsfähigkeit des Gehirns.
- Die Verrottung des Managers durch Nichtbenutzung des Gehirns müssen wir nicht als Alternative behandeln. So ironisch ist diese Schrift nun auch wieder nicht angelegt.
- Da stellt sich die Frage des wirtschaftlichen Verschleißes – um dem Gedanken überhaupt eine Chance zu geben, unter Vernachlässigung der ethischen Dimension. Werden erfahrene Manager dadurch entwertet, dass Nachwuchsmanager in ihr Unternehmen eintreten? Dies könnte gelten, wenn es durch die oben genannten Kriterien begründbar wäre:
  - Effektivität – erreichen jüngere Manager mehr als ältere? Wenn dies so ist, dann insbesondere wegen der beiden bereits oben untersuchten Kompetenzen „körperliche Belastbarkeit“ und „Unvoreingenommenheit“. Beide sind jedoch für das Leistungsprofil von Führungskräften nicht die primär bestimmenden Faktoren. Allenfalls kann man den Aspekt „Neue Besen kehren gut“ anführen, der allerdings seinem Sinngehalt entsprechend auch durch eine wohlkalkulierte Rotation erfahrener Kräfte erfüllt werden kann. Fehlen tut dem Management-Nachwuchs dagegen im Vergleich der Faktor „Erfahrung“, der bei vordergründiger Betrachtung durch erhöhte Dynamik aufgewogen

werden könnte. Allerdings kann man Dynamik nur dann wertschöpfend einsetzen, wenn man (aus Erfahrung) weiß, wo man sie zur Wirkung bringt. Physikalisch betrachtet, kann Kraft nicht entstehen, wenn sie nichts hat, *worauf* sie wirkt. Erfahreneren Managern grundsätzlich einen Nachteil bei der Effektivität nachzusagen, erscheint also nicht zwingend.

- Effizienz – ist das Verhältnis von Einsatz und Ergebnis bei jüngeren Managern günstiger? Aus Sicht des Unternehmens lockt hier auf den ersten Blick der Vorteil, dass traditionell der Nachwuchs ein bescheideneres Salär erhält als die Etablierten. Aber Vorsicht: Gerade die Erfahrung ist ein wichtiges Regulativ, wenn es um die Steuerung des Ressourceneinsatzes geht. Wenn der Nachwuchs den Mangel an Erfahrung durch Versuch und Irrtum ersetzt, so kostet der Irrtum immer Geld, untergräbt also die Effizienz. Im Übrigen lösen sich eventuelle Effizienz-Asymmetrien auf, wenn das Entlohnungssystem in sinnvoller Weise erfolgsorientiert aufgebaut ist: Wer weniger Ergebnis bringt, kostet auch weniger. Auch der Aspekt der Effizienz liefert also keine griffigen Argumente.

Für den wirtschaftlichen Verschleiß des etablierten Führungspersonals könnte allenfalls noch ein systematisch bedingter Qualitätsvorteil der jeweils jüngeren Generation sprechen. Wenn man keine kurzfristigen Evolutionssprünge in der Entwicklung des menschlichen Gehirns unterstellt, so könnten Unterschiede in der Qualität zwischen den Manager-Generationen begründet sein

- in der Einstellung, also speziell der Leistungsbereitschaft und der Identifikation mit der Aufgabe. Generations-Unterschiede dieser Art müssten dann auch in der Gesellschaft übergreifend erkennbar sein. Hierfür gibt es jedoch kein Indiz: Weshalb sollten die 30-Jährigen grundsätzlich leistungsbereiter sein, als die 50-Jährigen (vielleicht, weil sie später nicht mehr mit einer Rente rechnen können)? Es gibt sogar – allerdings seit Menschengedenken – Stimmen, die das Gegenteil für zutreffend halten.

- in der Ausbildung, also einer besseren Einstiegsqualifikation des Nachwuchses. Hierzu wird an späterer Stelle noch ein Gedanke angesprochen. Allgemein betrachtet könnte der Nachwuchs eine „Gnade der späten Ausbildung" genießen
  - weil neue relevante Umfeldbedingungen eingetreten sind, auf die man als junger Mensch heute vorbereitet wird, während die Älteren mit der neuen Entwicklung weniger vertraut sind. Als Beispiel hierfür kann der in den letzten Jahren eingetretene Fortschritt in der Daten- und Kommunikationstechnik gelten. Allerdings wirkt sich dieser primär im operativen Bereich aus und wirkt umso weniger selektiv, je höher die betrachtete Hierarchieebene liegt: Der Vorstand muss die Betriebs-EDV nicht kennen, nur ihre Bedeutung begreifen;
  - weil die vermittelten Management-Qualifikationen denen der Vorgänger deutlich überlegen sind. An dieser Stelle muss jede Positionierung sehr vorsichtig erfolgen, um den zuständigen Ordinarien nicht auf die Füße zu treten. In Ermangelung eigener belastbarer und repräsentativer Erfahrung bezüglich der aktuellen Situation an den Hochschulen bleibt mir nur eine vergröberte Einschätzung des beobachtbaren akademischen Nachwuchses. Dies vorausgeschickt, erscheint mir die Aussage, die heutigen Absolventen zögen aus ihrer Ausbildung signifikante Vorteile, die sie gegenüber früheren Generationen überlegen machen, nicht

eindeutig belegbar. Was ich wirklich denke, lesen Sie später.

Der Gedanke, die Verjüngung in großen Unternehmen sei das Ergebnis eines Abnutzungsprozesses im Management, findet demnach keine überzeugenden Argumente.

Systematisch könnte uns ein Blick auf den *Prozess* helfen, der zu Fortschritt im Sinne einer Verbesserung führt. Mit den klassischen vier Schritten wissenschaftlichen Arbeitens ergeben sich die folgenden, zwingend aufeinander aufbauenden analytischen Schritte:

1. *Was* geschieht im Unternehmen und seinem Umfeld? – Die Beobachtung setzt den Einsatz von Zeit voraus, kann als umso zuverlässiger gelten, je zahlreicher die untersuchten Vorgänge sind. Hier liegt die Grundlage für Erfahrung.
2. *Warum* laufen die Prozesse so und nicht anders ab? – Mit der Erklärung wird Verständnis in die Erfahrung integriert.
3. *Welche* Ergebnisse sind bei kommenden Prozessen zu erwarten? – An der Prognose und der Prüfung ihrer Eintrittswahrscheinlichkeit kann sich die Erfahrung messen und schärfen.
4. *Wie* kann man diese Prozesse in der gewünschten Weise verändern? – In der Beeinflussung liegt die wirtschaftliche Chance zur Wertsteigerung durch Einsatz von Erfahrung.

So entsteht systematisch Fortschritt.

In der Übersicht:

Auf der Grundlage von Erfahrung
1. Beobachtung
2. Erklärung
3. Prognose
4. Beeinflussung
>>> systematischer Fortschritt

Wie stellt sich die Systematik dar, wenn man auf die Bildung und den Einsatz von Erfahrung verzichtet?

1. Wenn die Entscheider keine ausreichende Gelegenheit zur Beobachtung von Prozessen haben, fehlt die Grundlage für die nachfolgenden analytischen Schritte.
2. Die Erklärung von Prozessen, mit denen man keine Erfahrung hat, kann nur aus der Theorie erfolgen.
3. Wenn die kausalen Zusammenhänge nicht zutreffend analysiert sind, kann die darauf aufbauende Vorhersage nicht zutreffen – außer durch einmaligen Zufall.
4. Ohne die Erfahrung zuverlässig stimmiger Prognosen gerät der Eingriff in das System zum reinen Probieren im Sinne von Versuch und Irrtum.

Auf der Gundlage von Erfahrung	Bei Verzicht auf Erfahrung
1. Beobachtung	Blindheit
2. Erklärung	Theoretisieren
3. Prognose	Annahmen ohne Grundlage
4. Beeinflussung	Probieren
>>> systematischer Fortschritt	>>> Abfolge von Versuch + Irrtum

An dieser Stelle entlarvt sich der Versuch, Veränderungsprozesse unter

Ausklammerung von Erfahrung forciert anzugehen, als teurer Lernprozess für die Nachwuchsmanager und das Unternehmen.

Summa summarum hat die Betrachtung bis hierher keine glaubhaften Argumente dafür geliefert, dass die ältere Manager-Generation ausgetauscht werden muss, weil sie sich überlebt hat. Ergo müssen wir nach anderen Gründen Ausschau halten, weshalb der jüngere Springer den älteren Turm schlägt.

3.1.4 Blinde Gefolgschaft
Erfahrung kann entlarven

Bisher haben wir „Erfahrung“ immer als einen positiven Wert behandelt, dessen Vorhandensein sich im Unternehmen tendenziell konstruktiv auswirkt. Kann Erfahrung auch stören im Sinne einer *negativen Beeinträchtigung* der gewünschten Abläufe?

Wir haben bereits an anderer Stelle die Erkenntnis gewürdigt, dass aufstrebende Manager einen starken Bedarf an Profilierungsmöglichkeiten haben. Nun hat aber nicht jeder von ihnen das Glück (und das Potenzial), in jeweils passenden Momenten mit brillianten Vorschlägen und zündenden Ideen aufwarten zu können. Vielmehr wurde in der Regel im Unternehmen vieles schon gedacht, fast alles schon gesagt und Etliches davon auch schon getan. Hilfsweise kann man Dinge zwar umdefinieren oder umbenennen, möglichst in einer Fremdsprache, um den Mangel an Originalität zu tarnen. Aber trotz PISA-Problematik ist niemand davor sicher, verstanden und enttarnt zu werden.

Verdeutlichen wir uns die Problematik an einem kleinen Modellfall:

Ein Unternehmen unterhält auf einer Freifläche einen Vorrat an einem Schüttgut – sagen wir: einen Berg Kohle. Nun weist Nachwuchsmanager Curt N. in einer gekonnten Präsentation nach, dass der optimale Standort für die Kohle 100 Meter weiter nördlich wäre. So geschieht es: Die Kohle wird verlagert, Curt N. befördert.

Einige Zeit später erkennt sein Nachfolger Curt W., dass unter den nunmehr geltenden veränderten Bedingungen der optimale Standort der Kohle 100 Meter weiter westlich wäre. Der Vorstand wird überzeugt: Die Kohle wird verlagert, Curt W. befördert.

Sein akademisch hochqualifizierter Nachfolger Curt S. kann schon bald schlüssig nachweisen, dass unter Berücksichtigung bisher vernachlässigter Faktoren das Standort-Optimum der Kohle exakt 100 Meter weiter südlich liegt. Die oberste Führung ist beeindruckt: Die Kohle wird verlagert, Curt S. befördert.

Der nunmehr zuständige Curt O. neigt zur Empirie. Er startet eine Versuchsreihe, deren statistisch aufwendig ausgewertete Daten zweifelsfrei Handlungsbedarf belegen: Die Kohle wird 100 Meter nach Osten verlagert. Curt O. steht zur Beförderung an.

Zur Veranschaulichung eine kleine Grafik:

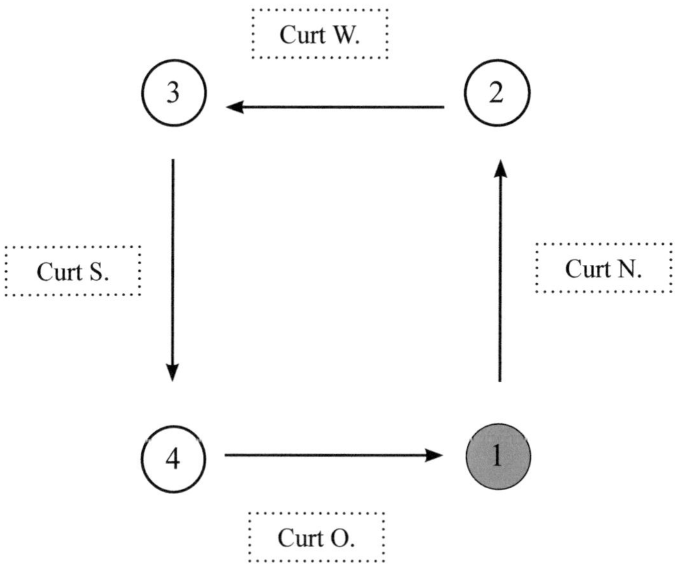

Spätestens in diesem Stadium erweist sich nun die Anwesenheit von Mitarbeitern mit Erfahrung in dem Unternehmen als peinlich: Sie haben ein Déjà-vu-Erlebnis. Sie erkennen nämlich, dass die Kohle sich nunmehr in eben jener Position befindet, in der sie vor vier Veränderungsprozessen (und den entsprechenden Beförderungen) schon einmal lag. Selbst der Putzfrau und dem Pförtner wird klar: Die Aktionen waren überflüssig. Man hätte alles lassen können, wie es war.

Besonders zersetzerisch und für die Unternehmensführung autoritätsgefährdend ist, dass die Vorzeigeprojekte der erfolgreichsten Nachwuchs-Manager als Windeier enttarnt sind. Schlimmer noch: Der Vorstand hat erkennbar mit den Verlagerungen (und – wie die gesamte Belegschaft erkennt – auch mit den Beförderungen) Fehlentscheidungen getroffen.

Um einem solchen Desaster vorzubeugen, gibt es nur *einen* praktikablen Weg: Man muss die Fluktuation im Unternehmen so hoch halten, dass niemand mehr da ist, der den inneren Widerspruch der getroffenen Entscheidungen und das Karriere tragende Ideen-Recycling enttarnen könnte. Eine junge Belegschaft wird ehrfürchtig bestaunen, was den Älteren nur Spott oder Verzweiflung abnötigt.

Eine Unternehmensführung, die konsequente Verjüngung ihres Mittelmanagements betreibt, fördert demnach die positive Wahrnehmung ihrer eigenen Leistung, indem sie einen Wahrnehmungsfilter einbaut, der die Erkennbarkeit vielfältiger Formen von „Management by Nonsens" verhindert. Dies ist eine erste schlüssige Erklärung für das beobachtete Phänomen.

In den 80er Jahren des vergangenen Jahrhunderts stürmte ein Musiktitel die internationalen Hitparaden, der weniger durch seinen melodischen Charme als durch seinen politischen Text und den prägnant kurzen Titel auffiel: „Nineteen". Seine Aussage kreiste um die statistisch offenbar abgesicherte und für den uneingeweihten Betrachter durchaus überraschende Tatsache, dass das Durchschnittsalter der im Vietnam-Krieg gefallenen US-Soldaten bei 19 Jahren gelegen hat.

Dies ist gewiss nicht damit begründbar, dass die jungen Soldaten eben Pech hatten und nicht rechtzeitig aus der Schusslinie gekommen sind. Vielmehr hat man offenbar die Jüngsten ins Feuer geschickt. Warum das?

Ein konstruktives Argument könnten körperliche Vorteile liefern. Ein 19-Jähriger marschiert mit schwerem Gepäck eben weiter als ein 39-Jähriger. Aber reicht dieser Vorteil (wenn es denn einer ist) als Erklärung aus? Warum „19"?

Vielleicht helfen nicht nur die Stärken der Jüngeren bei der Erklärung dieses Phänomens. Auch die Schwächen könnten entscheidende Argumente liefern. Dabei fallen zwei Aspekte besonders ins Auge. Den Jungen mangelt es

- an Lebenserfahrung: Dazu gehört an erster Stelle das Wissen um den Wert des eigenen Lebens und des Lebens anderer. Erfahrung vermittelt auch die Erkenntnis, dass nicht zuletzt im politischen Bereich die Anwendung von Gewalt nicht zu Lösungen, sondern zu Flächenbränden führt. Wer schon einmal mit Kriegshandlungen in Berührung gekommen ist, wird mit Zweifeln an deren Sinnhaftigkeit leben. Er weiß, zumindest unter den direkt Beteiligten gibt es keine Gewinner. Ein Mensch mit Lebenserfahrung wird einer Gefahrensituation immer mit größerer Zurückhaltung begegnen als ein Unerfahrener, der noch nicht gelernt hat, wie es ist, wenn man sich „die Finger verbrennt". Der Unerfahrene folgt dem Ruf des Vaterlandes. Der Erfahrene bleibt lieber im Vaterland.
- an kritischem Bewusstsein: Jüngere Menschen gelten zu Recht als leichter begeisterungsfähig. Die Jugend hat oder sucht noch Ideale. Verabsolutiert diese leichter und zieht daraus ggf. auch radikalere Schlüsse.

  Wo es noch an eigenen (schlechten) Schlüssel-Erlebnissen mit gesellschaftlichen Gruppen, Institutionen und nicht zuletzt dem Staat selbst fehlt, an deren Integrität man bisher fest geglaubt hat, da kann sich keine abwägende Grundhaltung etablieren, die auch Lug und Trug, Propaganda und Verführung in ihre Meinungsbildung einbezieht. So lässt sich ein junges, noch unkritisches Bewusstsein sehr viel leichter benutzen, verführen und – radikalisieren! Warum sonst sind Selbstmordattentäter und Kamikaze in aller Regel jung? Warum opfern sich nicht Greise mit ohnehin geringer Lebenserwartung? Warum werden nicht Kampferprobte, sondern Anfänger zu Assassinen?

Ganz einfach: Weil Menschen mit Erfahrung und kritisch entwickeltem Bewusstsein erkennen, wenn sie für dumm verkauft, für fragwürdige Ziele missbraucht und für anderer Leute Interessen geopfert werden sollen.

Da liegt also der Grund für die Jugend der gefallenen Soldaten: Benutzt wird, wer sich benutzen lässt, ohne kritisch zu reflektieren.

Kommen wir zurück zu der dramatischen Verjüngung in den großen Unternehmen. Wir haben eben gesehen, dass der Mangel an Erfahrung und kritischem Bewusstsein bei Jungen wünschenswert sein kann, wenn man sie in Handlungen (oder zumindest Duldungen) einbeziehen will, die sie bei einer stärkeren Neigung zur Reflektion und im Besitz umfassenderen Überblicks nur widerstrebend mittragen oder sogar kategorisch ablehnen würden.

Gibt es im Wirtschaftsleben Anhaltspunkte dafür, dass eine solche Interessenlage vorliegen könnte? In der Tat zitiert die öffentliche Diskussion in den vergangenen Jahren zunehmend Fälle, in denen das Verhalten großer Kapitalgesellschaften eine irritierende Ignoranz gegenüber vitalen gesellschaftlichen Interessen offenbart. Als Beispiele seien hier Schädigungen der Umwelt, des Sozialstaates und nationaler Interessen, Steuerhinterziehung und die Förderung der Korruption genannt. All dies wird in der Regel mit dem ökonomischen Zwang begründet, die Wertsteigerung des eigenen Unternehmens über die jeweiligen anderen Interessen stellen zu müssen.

Um nachhaltig so handeln zu können, muss man fest an die unbedingte Richtigkeit dieser Argumentation glauben. Dies gilt nicht nur für die Spitzenmanager, sondern auch für die Ebenen darunter.

Stellen Sie sich einmal vor, Sie erhielten den Auftrag, ein Team zusammenzustellen, mit dem Sie dann in ein feindlich übernommenes Unternehmen gehen, um das Knowhow herauszuziehen, die Mitarbeiter in die sichere Arbeitslosigkeit zu entlassen und mit dem restlichen Vermögen Kasse zu machen.

Würden Sie für diesen Auftrag Ihr Team lieber aus jüngeren oder älteren Mitarbeitern bilden? Lassen Sie mich raten: Sie nehmen die Jüngeren, weil Sie bei denen die Gefahr geringer einschätzen, dass sie angesichts des eigenen Tuns beginnen, über Sinn, Ethik und Moral nachzudenken.

Da haben wir also ein starkes Motiv für die radikale Verjüngung von Strukturen: Sie ist sinnvoll, wenn Funktionalität ohne Reflektion gewollt ist.

Sie haben das **Fazit** schon richtig gelesen: Radikale Verjüngung macht in einem Unternehmen speziell dann Sinn, wenn das Topmanagement für den eigenen Mangel an Kompetenz und Ethik keine Zeugen gebrauchen kann.

Übrigens: Mittelständische Unternehmer werden sich einem „Jugendwahn" unter Auskehr erfahrener Mitarbeiter in der Regel entgegen stellen, weil sie wissen, dass das angereicherte Human-Kapital ein tragender Teil ihres Eigenkapitals ist, welches schließlich vermehrt werden soll. Wenn ein Manager aus einem der letztgenannten Motive dem Unternehmer-Interesse zuwiderhandelt, wird man ihn beim ersten Mal abmahnen und im Wiederholungsfall rauswerfen.

3.1.5 Napoleon

Verlust von Loyalität

Die Wahl einer weiteren französischen Herrschergestalt als Leitfigur eines Kapitels erfolgt nicht, um francophile Leser zu beglücken, sondern weil Napoleon I. neben zahlreichen Kriegstoten und Flächenschäden auch eine Reihe von konstruktiven Produkten seines Geistes hinterlassen hat.

Der hier gemeinte Gedanke ist der des „Volksheeres", dessen erste bedeutende Umsetzung dem prominenten Korsen zugeschrieben wird. Vor den napoleonischen Kriegen bestand die übliche Form der Fortsetzung der Politik mit anderen Mitteln darin, unter Einsatz einer notwendigerweise prall gefüllten Kriegskasse ein Heer von Söldnern zusammen zu kaufen, das dann die Interessen des Kriegsherren durchsetzen sollte, sprich: den Krieg gewinnen.

Mangels anderer gemeinsamer Kriterien seien hier Söldner definiert als

- Personen, die zur Durchführung einer konkreten Aufgabe die erforderlichen Kompetenzen besitzen (z. B. für das Söldnerheer: körperliche Belastbarkeit, marginale Kenntnis in Waffentechnik), und
- bereit sind, diese gegen vereinbarte Entlohnung mit der geforderten Intensität einzusetzen (im Beispiel des Söldnerheeres schließt dies die Bereitschaft zum Brennen und Morden ein, allerdings auch die Gefahr, selbst das Leben zu verlieren).

Gerade an dieser dramatischen Intensität des Söldnereinsatzes wird auch klar, wo dessen Grenzen liegen. Anderen Leid anzutun, mag bei entsprechend guter Bezahlung ja manchem noch vertretbar erscheinen. Wenn der eigene Leib oder gar das eigene Leben in Gefahr gerät, verlangt die Güterabwägung viel Sorgfalt. Wie viel ist ein abgeschossenes Bein wert – und die Schmerzen? Für welches Salär riskiert man das eigene Leben, wo doch das letzte Hemd bekanntlich nur ohne Taschen geliefert wird?

Die Konsequenz liegt auf der Hand: Wenn die Belastung steigt, wird der Söldner unzuverlässig.

Diese Erfahrung mussten auch Kriegsherren immer wieder machen: Die Zuverlässigkeit von Söldnern lässt sich auch durch vermehrten Einsatz von Geld nicht entscheidend verbessern. In bedrohlichen Situationen flieht ein Söldner nur dann nicht, wenn hinter ihm jemand steht, der ihn bei Desertation erschießt.

Hier bringt nun die Idee des Volksheeres einen entscheidenden Fortschritt: Statt Kämpfern, die es gegen Bezahlung tun, schickt man Leute in den Kampf, die ihren Einsatz aus eigener Überzeugung im Interesse einer (vermeintlich) gerechten Sache bringen.

Auch das Volksheer wird zwar Geld kosten, als maßgebliche Triebfeder funktioniert aber eine gemeinsame Sache, ein Interesse oder eine Idee. Bei Napoleons Truppen war der Gedanke an die eigene Gemeinschaft, das freie Volk bzw. die ruhmreiche Nation das Leitbild. Diese Idee wird bis heute immer wieder gern benutzt. Aber auch gemeinsame Werte (die „Revolution“) oder Weltanschauungen lassen sich in diesem Sinne instrumentalisieren.

Der Unterschied zwischen dem Söldner und dem Überzeugungskämpfer liegt in der Gewichtung des eigenen Nutzens gegenüber dem Einsatz, den man zu erbringen hat. Der Söldner wägt die Gefahr für Leib und Leben gegen ein Päckchen Geld. Im günstigsten Fall fällt ihm sogar die moralische Dimension ein: „Was muss man mir zahlen, damit ich jemanden umbringe, der – genau wie ich – auch nur wegen ein bisschen Geld auf der anderen Seite steht?“

Beim Überzeugungstäter liegt da sehr viel mehr Gewicht auf der Waage. Kämpft er doch für eine gerechte und somit universell richtige Sache: das französische Volk! Die internationale Arbeiterklasse! Oder am besten gleich: Gott!

Wer auf der anderen Seite steht, ist Volksfeind und bedroht meine

Brüder und Schwestern, ist Klassenfeind, der Menschen wie mich unterdrückt, oder Gottloser und als solcher ohnehin verloren. Da fällt es weniger schwer, die letzten Konsequenzen zu ziehen und zu tun, wozu man bis dato glaubte, nicht fähig zu sein – bis hin zum eigenen Opfergang. Die Geschichte zeigt, dass derartige Überzeugungen nur sehr schwer aufzubrechen sind. Erst im Angesicht massiver Exzesse erkennen die letzten Überzeugten, dass ihre Ideale die Opfer nicht wert waren (die allerletzten erkennen es nie).

Wir haben es hier also mit einer gewaltigen Menge an Energie zu tun, die natürlich – nachdem die Überlegenheit der Volks- gegenüber den Söldnerheeren offensichtlich geworden war – ihre Wirkung auf andere Lebensbereiche nicht verfehlte.

So war seit Generationen zu beobachten, dass Unternehmer bestrebt waren, ein Wir-Gefühl zu entwickeln, das aus dem Stamm der Mitarbeiter und dem Unternehmen eine Einheit schmieden sollte; und das mit Erfolg. Nicht nur Japanern wird nachgesagt, dass sie traditionell zu dem Unternehmen, in dem sie arbeiten, eine starke, auf das ganze Leben ausgerichtete Bindung aufbauen, die eine hohe Identifikation bis hin zur Opferbereitschaft generiert.

Auch viele Unternehmen in unserem Kulturkreis konnten sich lange glücklich schätzen, Mitarbeiter zu haben, die die Interessen ihres Unternehmens als ihr persönliches Anliegen ansahen und danach lebten. Das kann bis zur bewussten Preisgabe der eigenen Gesundheit gehen, um „unsere Firma“ erfolgreich zu machen. Neben dem klassischen Unternehmenswert ist die Loyalität der Menschen, die Teil des Unternehmens sind, wohl das wertvollste Gut, das dieses besitzt.

Diesem Aspekt ist besondere Bedeutung beizumessen, wenn die Zeiten kritischer werden und der Einsatz höher. Nicht ohne Grund gleitet die Diktion von Wirtschaftsführern immer häufiger ins Militärische ab. Da gibt es „feindliche“ Aktionen und „Übernahme-Schlachten“. Und sprach nicht der in der Automobilbranche auffällig gewordene Baske Jose Ignacio Lopez von seinen Mitarbeitern als seinen „Kriegern"? Spätestens an dieser Stelle rechtfertigt sich der oben gewählte Vergleich mit dem Volksheer.

Was unterscheidet eigentlich die feindliche Übernahme eines Unternehmens mit anschließender Restrukturierung (in der Küche nennt man das „Ausbeinen") von der Kaperfahrt englischer Piratensegler gegen spanische Gold-Galeonen im 16. Jahrhundert? Und ist die oben beschriebene Entscheidungssituation eines mittelalterlichen Söldners, der für ein paar Dukaten ein Dorf niederbrennen soll, so verschieden von der Situation eines Managers, der sich entscheidet, Hunderte arbeitslos zu machen, damit er einen höheren Erfolgsbonus einheimst? Sicher, die Opfer bleiben heutzutage am Leben. Aber dies ist nur Ausdruck der Tatsache, dass man in unseren aufgeklärten und humanen Zeiten die Unterlegenen nicht mehr physisch umbringt, sondern ökonomisch.

Genau die richtige Zeit also, um den Volksheer-Effekt zu nutzen! Und im Bereich der mittelständischen Unternehmen kann das auch gelingen. Wo der Kreis der Beteiligten überschaubar ist, man sich persönlich kennt, herrscht das richtige Klima, um aus dem Zusammenrücken in dem Gedanken, für eine gemeinsame Zukunft zu kämpfen, eine signifikante Stärke zu machen. Doch was beobachten wir in den Großunternehmen?

Dort ist vielfach der Begriff der Loyalität in Verruf geraten. Wer an seinem Unternehmen hängt, macht sich verdächtig und gilt als hoffnungslos altmodisch. Gesucht sind Seiteneinsteiger mit „Patchwork-Karrieren". Der Begriff „Patchwork" bedeutet Flickwerk, wurde allerdings nicht nur gewählt, weil er das typische Arbeitsergebnis der Betreffenden kennzeichnet. Vielmehr sind hier Berufswege gemeint, bei denen es Menschen gelingt, rechtzeitig ihr Tätigkeitsfeld zu wechseln, ehe das Ausmaß ihrer Inkompetenz sichtbar wird. Auf dieser Technik beruhen zahlreiche brillante Karrieren.

Wem der oben gewählte Vergleich von Söldner- und Volksheer zu martialisch ist, kann vergleichbare Erkenntnisse auch aus dem Begriffspaar „Liebe vs. Prostitution“ herleiten – wozu an dieser Stelle ein alter Herrenwitz aufgewärmt sei:

Was ist der Vorteil einer Prostituierten gegenüber einer wahrhaft Liebenden? – Die Prostituierte klammert nicht!

Dieser Gedanke muss auch ehrgeizigen Betriebswirten nahe gewesen sein, als sie immer häufiger den Weg wählten, radikal die Kosten zu senken, statt mühsam den Markterfolg zu suchen. Geht nicht auch der Söldner leicht von der Fahne bzw. aus der Kasse?

Diese Erkenntnis hat in den letzten Jahren im Bewusstsein von Managern offenbar Metastasen gebildet. Wenn man die Verbundenheit der Mitarbeiter mit ihrem Unternehmen untergräbt, Loyalität als Wert in Misskredit bringt und Söldner-Mentalität fördert, dann wird es viel leichter, ein Unternehmen „schlank“ zu machen. Der Börsenkurs wird es danken!

Statisch betrachtet ist das etwa so, als wenn man bei einem Fesselballon die Seile, die den Ballon halten, in Ballastsäckchen umarbeitet und diese abwirft. Gewiss, der Ballon wird leichter und fliegt höher. Aber dann? In einem Punkt hinkt dieser Vergleich allerdings: Die Insassen eines fliegenden Fesselballons können im Allgemeinen nicht einfach aussteigen. Die Manager eines schlank gesparten Unternehmens schon: vgl. oben „Patchwork“.

Was Napoleon richtig machte, verkehren also heute viele kleine Möchtegern-Napoleons ins Gegenteil. Der Erfolg einer solchen Strategie erweist sich immer in den kritischsten Momenten, in denen man die Unterstützung der eigenen Leute am dringendsten braucht. Im Idealfall heißt es dann: „Chef, auf uns können Sie sich verlassen!“ – Die Söldner kippen einem den Dreck vor die Füße.

Übrigens: Ein mittelständischer Unternehmer würde einen Mitarbeiter, der die Identifikation mit dem eigenen Hause vermissen lässt und offensichtlich nur wegen des Geldes jeden Morgen kommt, beim ersten Mal abmahnen und im Wiederholungsfall rauswerfen.

3.2 Gummiband

Fazit

Wenn strategische Klarheit das Rückgrat eines Unternehmens in den Turbulenzen der Zeitläufe darstellt, so haben moderne Topmanager dieses durch ein Gummiband ersetzt. Dieses hochflexible Teil soll Tugend sein, bewirkt aber nur den Verlust von Beständigkeit und Widerstandskraft.

Nach dem Verlust des Rückgrates kann man sich auch nicht mehr aufrichten, um Überblick zu gewinnen, die eigene Position zu bestimmen und den richtigen Weg auszumachen.

Ohne Rückgrat bleibt ein Wurm.

4. Metastasen

Operative Folgen

Wer Desorientierung sät, wird Wertvernichtung ernten.

Die bisher gefundenen Indizien deuten auf eine systemimmanente Tendenz sowohl zur Fehl-Selektion als auch zur Fehl-Orientierung der Führungskader hin. Dies funktioniert wohlgemerkt in einer Rückkopplungsfunktion: Ungeeignete Manager geben eine falsche Orientierung; eine fehlleitende Vorgabe generiert wiederum einen unter fragwürdigen Kriterien ausgewählten Managementnachwuchs. So bewegt sich das Topmanagement in einer Spirale, die konsequent und immer schneller nach unten führt.

Die von außen erkennbare Primärwirkung dieses Phänomens besteht in einer kurzatmigen, widersprüchlichen und Substanz verzehrenden strategischen Ausrichtung von Unternehmen.

Wenn man sich die weitere Entwicklung eines vom Kopfe her stinkenden Fisches vorstellt, so ist zu erwarten, dass auch bis dato noch funktionsfähige Organe in Mitleidenschaft gezogen werden, sich die

Fäulnis also weiterfrisst. Dem pathologischen Befund am Kopf folgen die Metastasen im Körper.

Übertragen auf einen betriebswirtschaftlichen Organismus bedeutet dies eine negative Vorbildfunktion der obersten Führung für alle, die sich an ihr orientieren. Namentlich das Mittelmanagement, das zunächst noch intakt sein mag, wird Denk- und Handlungsweisen seiner Vorgesetzten übernehmen. Die Macht und die Aura der Erfolgreichen an der Spitze prägen. Das Ergebnis der Prägung können Nachahmung, Ausweichen oder Rückzug sein.

So ergibt sich eine vertikal wirkende Sekundärwirkung von Missmanagement, indem das beobachtete Fehlverhalten der Vorbilder eine Eigendynamik im System auslöst, sich nunmehr gleichfalls an der persönlichen Interessenlage statt dem Nutzen für das Unternehmen zu orientieren; vom Gemeinwesen wollen wir an dieser Stelle gar nicht reden.

Im Folgenden richten wir unseren Blick auf einige der Fehlentwicklungen, die den Lebensnerv von Unternehmen angreifen. Sie betreffen

- den Fokus des eigenen Handelns
- die Aktivierung des eigenen Potenzials
- die Priorisierung von Zielkriterien
- die Ausschöpfung vorhandener Ressourcen.

Die erste Wirkung eines ungeeigneten Kapitäns auf der Brücke ist ein unzureichend ausgerüstetes Schiff und die Ausgabe eines irreführenden Kurses. Was aber läuft unter dieser Führung in der Mannschaft ab?

Nach einiger Zeit wird die Mannschaft ihre eigenen Bemühungen einstellen, gegen die Sinnlosigkeit des Kurses und erkannte Missstände anzukämpfen. Die Notwendigkeit des eigenen Überlebens zwingt alle Einsichtigen, zu jedwedem Unfug von der Brücke gute Miene zu machen und das eigene Pulver trocken zu halten. Wenn das Schiff irgendwann auf ein Riff läuft, ist niemand mehr überrascht oder fähig, Bedauern zu empfinden: Der alte Kahn war nicht mehr zu retten.

Hauptsache, man rettet das eigene Leben und kann vielleicht noch ein bisschen von der Ladung für sich abzweigen.

4.1 Symptome

4.1.1 Vogelnest

Opportunistisches Kalkül

„Der Kunde ist König –
und wir arbeiten in einer Republik."

Woran orientieren die Führungskräfte und Entscheider ihre Handlungen? Was ist letztlich der Maßstab ihres Handelns?

Hierzu gibt es eine Reihe denkbarer Ansätze, von denen wir an dieser Stelle einige abklopfen wollen. Es sind dies die Orientierung an den Interessen

- konsistent:
  des Unternehmens
- altruistisch:
  der Allgemeinheit
  der Kunden
- egoistisch:
  des Entscheiders selbst (oder einer Gruppe, mit der er sich identifiziert).

Betrachten wir zunächst die Unternehmensinteressen als Bestimmungsfaktor des Handelns. Dies macht viel Sinn, denn der einzelne Manager ist ja abhängig beschäftigt. Er wird also dafür bezahlt, dass er tut, wofür man ihn engagiert hat. Da wäre es nur fair, wenn er sein Handeln am Nutzen seines Arbeitgebers bemisst. So weit, so schön. Theoretisch.

Die Interessenlage eines Unternehmens ist allerdings komplex. Idealerweise drückt sie sich in formulierten Strategien und einem Zielsystem aus. Deren Qualität wiederum ist abhängig von den Fähigkeiten der obersten Führung: der Komplexität und Stringenz ihres Denkens, ihrer Kommunikationsfähigkeit – und ihrer Bereitschaft, diese wahrhaftig einzusetzen. Die in den vorstehenden Kapiteln formulierten Gedanken zur Befähigung des real existierenden Topmanagements müssen hier Zweifel aufkommen lassen.

Abstrakte Zielformulierungen werden indes nie das sein, woran Entscheider tatsächlich ihr Handeln ausrichten – genauso wenig, wie jeder anständige Bürger täglich das Grundgesetz vor Augen hat. Aber es gibt ja plakative Formulierungen, die griffiger sind, z. B. den gern zitierten *Shareholder Value*, also das Interesse des Anlegers an der Wertsteigerung des Unternehmens, in das er investiert hat. Auch bis hierhin gilt: theoretisch sehr schön.

Doch betrachten wir einmal beispielhaft unsere bewährte Musterfigur Curt in der Funktion als Abteilungsleiter eines großen Unternehmens. Wen erkennt er denn als Anleger bzw. Eigentümer des Kapitals? Nein, das ist eben nicht wie bei einem mittelständischen Unternehmen eine konkrete Person, der man in die Augen sehen kann, die einem mal die Hand drückt, zu der man eine persönliche Beziehung (vielleicht sogar Vertrauen oder Zuneigung) aufbauen kann, deren Verdienste am Unternehmen man wertschätzen kann, mit der man sich in einer Schicksalsgemeinschaft erleben kann. Wenn Curt sich seine Anleger (Shareholder) vorstellt, dann denkt er

- bestenfalls noch an eine Eigentümerfamilie aus weit verstreut lebenden Erben
- an eine Holding, die im Zweifel im steuergünstigen Ausland domiziliert
- an Ölscheichs, die ihre Petrodollars unterbringen mussten (oder sind es bereits gasbeförderte Russen?)
- an Rentner irgendwo in den USA, die Fondsanteile gekauft haben, um ihre Altersversorgung zu sichern oder

- an jung-dynamische Manager eines Hedgefonds, die mal eben einen Deal mit cooler Performance machen wollen (auf Klardeutsch: abzocken).

Und an deren Interessen soll Curt sein Handeln orientieren? Nein, das wird er nicht wirklich tun. Die Interessen des Unternehmens oder seiner Anteilseigner sind ein theoretisches Konstrukt, das viel zu menschenfern ist, um maßgeblich für das Handeln im Alltag zu sein.

Sehr viel edler, als sich in den Dienst kapitalistischer Renditewünsche zu stellen, erscheint doch der Gedanke, Curt könnte bei seinen Entscheidungen das Gemeinwohl im Sinne haben.

Hier scheint mir der Kern sozialistischer Weltanschauung zu liegen. Demnach entwickelt der Einzelne ein Maximum an Motivation, um der Gemeinschaft zu nützen, deren Teil er ist. Wenn alle Mitglieder der Gemeinschaft dies solidarisch tun und so ein Höchstmaß an Wohlfahrt erarbeiten, maximiert sich auch der Nutzen des Einzelnen – mehr noch, als wenn er nur für sich hätte arbeiten wollen.

Dem muss dann gleich die Betrachtung der harten Realität folgen. Und diese zeigt uns, dass alle Versuche, aus diesem Ansatz heraus konkrete Politik zu machen, innerhalb relativ kurzer geschichtlicher Zeiträume gescheitert sind. Damit ist die These widerlegt, das Gemeinwohl sei die Messlatte für das Handeln von Entscheidungsträgern im Wirtschaftsleben. Das soll wohlgemerkt nicht heißen, dass die Beachtung gesellschaftlicher Interessen gänzlich außen vor ist. Immerhin ist der Mensch ein soziales Wesen. Zudem gibt es eine breite Skala der Ausprägungen von sozialer Lebenseinstellung und Sinnfindung, bis hin zum pathologischen Helfersyndrom. Allerdings werden die inneren Reinigungs- (oder Verunreinigungs-) Mechanismen großer renditeorientierter Organisationen dafür sorgen, dass Menschen, die das Allgemeinwohl über die Rendite setzen, in der Hierarchie nicht aufsteigen und bei hartnäckiger Prägung sogar ausgesondert werden.

Auch wenn wir uns unseren Curt als menschenfreundlichen, guten

Bürger vorstellen, der ein wertvolles Mitglied seines Gemeinwesens ist und anlässlich der letzten Fußball-WM vielleicht sogar ein schwarz-rot-goldenes Fähnchen an seinem Auto flattern ließ, so wird in seiner Funktion als Verantwortungsträger in einem Unternehmen bei einer anstehenden Entscheidung sein erster Gedanke nicht sein: „Was ist gut für Deutschland?" Nein, leider nicht.

Doch wir haben ja noch jenen Sinnspruch, der den Kopf dieses Kapitels ziert. Der Kunde bringt das Geld ins Unternehmen. Aus den Preisen, die *er* bezahlt, werden die Gehälter und Boni bezahlt. Der Gedanke des Marketings als Unternehmensphilosophie sagt, dass ein erfolgreiches Unternehmen vom Markt her geführt werden muss, wobei naturgemäß dem Absatzmarkt – somit der Summe aller Kunden – zentrale Bedeutung zukommt. Also muss der Kunde doch im Mittelpunkt stehen – oder steht er dort (einem Bonmot folgend) nur „jedermann im Wege"?

Bei genauerem Hinsehen steht allerdings nicht der Kunde in seiner Person oder seiner Interessensphäre im Mittelpunkt der Aufmerksamkeit. Es ist vielmehr seine Gewichtung als Wirtschaftsfaktor, die ihn bedeutend macht – einfacher gesagt: sein Geld. Auch hierzu weiß der Volksmund zu spotten: „Wir wollen doch nur Ihr Bestes – Ihr Geld!"

Die wohlklingende Behauptung, der Kunde sei König, entstammt also wohl einer Zeit, als bereits manch gekröntes Haupt gerollt war und allenfalls die konstitutionelle Monarchie Bestand hatte: Der König wird zwar hofiert, solange er seine Rolle spielt, aber Macht hat er keine. Die liegt bei denen, die die Hand auf der Kasse haben.

Wenn aber hinter aller ökonomischer Theorie, edlem Gemeinsinn und vordergründiger Wertschätzung letztlich immer wieder die Frage wirtschaftlicher Zweckmäßigkeit auftaucht, dann müssen wir diese auch ins Zentrum der Betrachtung des Entscheidungsverhaltens von Managern stellen: Sie werden immer das tun, was für sie selbst das Beste ist.

Schauen wir wieder auf Curt und rufen wir uns seine Interessenlage ins Gedächtnis: Er arbeitet, weil er in Sicherheit leben, angemessenen Wohlstand erwerben und eine angesehene Stellung in der Gesellschaft einnehmen will. Was genau ist erforderlich, dies zu erreichen? Welche Mechanismen führen zu Erfolg oder Scheitern?

Als Teil eines komplexen hierarchischen Systems ist Curt in der Erringung seines Erfolges nicht autonom. Ein Jäger, der ein Stück Wild erlegt, hat definitiv Beute gemacht. Wenn Curt in seiner Funktion eine qualitätsgerechte Arbeitseinheit abliefert, hat er dann mit der gleichen Selbstverständlichkeit Beute gemacht?

Nein, hat er nicht, denn seine Arbeit unterliegt der Bewertung anderer, bevor sie zum Erfolg wird. Da sind übergeordnete Führungskräfte zu überzeugen, ggf. über mehrere Hierarchiestufen hinweg, oder auch horizontal aufgehängte Kollegen, deren Einverständnis eingeholt werden muss. Über den Einzelfall hinaus wird es in der mittelfristigen Betrachtung eine Person geben, die maßgeblich entscheidet, ob Curts Arbeit als Erfolg (= Beute) gelten kann: das ist der direkte Vorgesetzte oder, moderner ausgedrückt: „der, an den er berichtet". Er entscheidet über Curts Entlohnung, seine Karrierechancen und letztlich seinen Status im Berufsleben. Die Schlussfolgerung für Curts Verhalten ist simpel: Er muss sich an der Person orientieren, die ihn beurteilt. Allgemeiner gesagt: Orientierungspunkt ist diejenige Person, die für Curt den erfreulichsten Nutzen oder das ärgste Problem auslösen kann.

Diese Funktionalität können wir uns an einem Beispiel aus der Natur veranschaulichen: Stellen wir uns ein Vogelnest vor, in dem kürzlich mehrere Junge geschlüpft sind. Nähert sich nun im Eifer der Brutpflege ein Elternteil mit etwas Nahrung im Schnabel, so stellt sich ihm ein Entscheidungsproblem: In welches der kleinen Schnäbelchen soll die Nahrung gestopft werden? Derweil folgen die Jungvögel, obgleich sie noch nie von Darwin gehört haben und auch nie von ihm hören werden, dessen Lehrmeinung und wetteifern um ihre Überlebenschance. Sie tun dies, indem sie ihren Schnabel so weit aufreißen, wie es nur geht, und so laut fordernd schreien, wie sie nur können. Dies ist das

Entscheidungskriterium für die Eltern: Dort wo der Schnabel am weitesten aufgerissen und der lauteste Schrei vernehmlich wird, geht das Futter hin.

Dieses Vogelnest-Prinzip liefert uns den Schlüssel für die Prägungsmuster und Übertragungsmechanismen in einem Unternehmen. Der jeweils Nachgeordnete orientiert sich an der Instanz, die für ihn die wichtigste ist, also dem größten Schnabel, aus dem der lauteste Schrei kommt. Von dort leitet er die Parameter seines Verhaltens ab, berücksichtigt Wertvorstellungen und erlernt Überlebenstechniken.

So wandelt sich ein sinfonisches Konzert zur Guggemusik. Und so wandert der Gestank vom Kopf zum Bauch des Fisches.

Übrigens: Im Mittelstand werden aufgrund der häufigen Identität von Inhaberschaft und Führung sowie der geringeren Entfernung zwischen Kopf und Bauch weniger Fehlprägungen auftreten. Zudem fördert die Übersichtlichkeit im Mittelstand das Erkennen von Fehlorientierungen. Sollte ein mittelständischer Unternehmer dennoch einen Mitarbeiter ausmachen, der sich nicht an dem Wohl seines Betriebes und der von ihm als maßgeblich definierten Wertvorstellungen orientiert, wird er diesen beim ersten Mal abmahnen und im Wiederholungsfall rauswerfen.

4.1.2 Grautier

Taktische Leistungsbegrenzung

„Mitarbeiter sind so klug wie Esel."

Das ist keinesfalls herabsetzend gemeint. Zumindest wenn es um die realistische Einschätzung des eigenen Leistungsvermögens, dessen Kundgabe an die interessierte Umwelt und Mechanismen vorausschauenden Selbstschutzes geht, können uns die Grautiere ein sinnfälliges Beispiel geben.

Stellen wir uns eine Situation in der Landwirtschaft einer Region vor, wo ein Bauernhof noch keine hochtechnisierte Produktionsanlage ist. Dort möge ein Bauer seinen Esel beladen, den er als Last- und Zugtier hält. Der Esel wird bald spüren, dass der Bauer ihm mal wieder so viel auflädt, wie er glaubt, dass sein Esel tragen kann. Auch wenn der Bauer auf dem Entwicklungsstand seiner Region den Begriff „Effizienz“ vielleicht nicht kennt – getrieben von natürlichem Erwerbssinn handelt er danach.

Der Esel ist nun erkenntnisfähig genug und mag auch entsprechende Erfahrungen haben, zu erkennen, dass ihm da ein Problem erwächst. Der Bauer möchte wohl sein Leistungspotenzial voll ausschöpfen. Das ist aber nicht im Überlebensinteresse des Esels. Wenn er gutwillig ist und eine vorschnelle Eskalation vermeiden will, wird er zunächst mal mit seiner Last loslaufen. Dies ist opportun, will er nicht aus der bäuerlichen Produktionsgemeinschaft verstoßen (d. h. geschlachtet) werden. Im weiteren Verlauf muss das Lasttier nun fein kalkulieren. Wenn die Transportleistung beginnt, ernsthaft belastend zu werden, gilt es ein Signal zu setzen: Der Esel bleibt stehen und stellt sich quer. Er signalisiert damit: „Das wird mir zu viel. Hier ist die Grenze meiner Leistungsbereitschaft.“

Nun mag es dem um maximale Ausbringung besorgten Agronomen an dieser Stelle noch gelingen, den Esel unter Anwendung von Mitteln, welche ein Tierschutzverein (den es in jener Region allerdings nicht gibt) als kritikwürdig einstufen würde, zum Weiterlaufen zu bewegen. Der Esel beugt sich dem Druck seines Futtergebers und demonstriert, dass er im Dienste der guten Sache bereit ist, sein Leistungspotenzial voll auszuschöpfen, gewissermaßen „über die Grenzen zu gehen“.

Wenn der Esel diesen Transporteinsatz überleben will (und das will er), wird er indes vermeiden, finale Grenzen zu überschreiten, um im Kollaps zu enden. Vielmehr wird er einen Zeitpunkt wählen, an dem er glaubhaft signalisieren kann: „Ich bin fertig. Habe alles gegeben. Mehr geht nicht.“ Er bleibt endgültig stehen und würde sich eher hinlegen als weiterlaufen. Der Bauer ist mit seinem Latein am Ende und gewinnt quasi empirisch die Erkenntnis von der Begrenztheit seiner Ressourcen.

Diese kleine Begebenheit erhellt uns die Klugheit des Esels, der erkennt, dass Reservehaltung praktizierter Selbstschutz ist. Der vorsorgliche Einbau von Reserven vor Erreichen kritischer Bereiche hat natürlich auch Einzug in unsere hochtechnisierte Zivilisation gefunden. So bin ich überzeugt, dass in meinem Auto der Beginn des roten Bereiches auf dem Drehzahlmesser noch nicht wirklich die einsetzende Selbstzerstörung des Motors markiert. Auch ist der untere Strich auf dem Ölmessstab sicherlich nicht das letzte Signal vor dem Kolbenstecker. Da haben kluge Köpfe Reserven eingebaut, wissend um die Unvollkommenheit der menschlichen Einsicht.

Wenn derartige Vorsichtsmechanismen Gemeingut sind, was sagt uns das über das Verhalten der Menschen im Leistungsprozess eines großen Systems, das nach maximaler Wertschöpfung strebt? Wie überlebensnotwendig wird dieser Selbstschutz vor dem Hintergrund der herrschenden dynamischen Wachstums-Ideologie?

Auch hier kann uns wieder ein Blick auf unsere Testperson Curt in einem Planungsprozess helfen. Trauen wir Curt eine realistische Einschätzung seines aktuellen Leistungs- und künftigen Entwicklungspotenzials sowie der Umweltbedingungen zu und setzen wir seine im laufenden Jahr (0) bei maximaler Anstrengung zu erreichende Leistung gleich 100. Dies könnte z. B. eine Produktiv- oder Vertriebsleistung sein. Für das kommende Jahr (1) ist Curt optimistisch: Er wird seine Effektivität steigern und die zudem verbesserten Chancen, die sich ihm bieten, zu einer deutlich höheren Leistung nutzen können – stolze 30 % mehr als im laufenden Jahr! Auch für die Folgejahre sieht Curt die Möglichkeit für weitere Leistungszuwächse, allerdings bei abnehmenden Steigerungsraten.

Tabellarisch sieht Curts Selbsteinschätzung so aus:

	lfd. Jahr	Planjahre		
	0	1	2	3
Curts Selbsteinschätzung	100	130	156	172
Steigerungsrate in %	-	30	20	10

Dies könnte man als überaus erfreuliche Perspektive betrachten. Allerdings handelt Curt, wie wir wissen, nicht souverän, sondern ist Teil eines profitorientiert denkenden Systems. Dieses System wird in der vorliegenden Situation repräsentiert durch Vorgesetzte und ggf. zentrale Planungsstellen, denen gemeinsam ist, dass sie sich dem *Shareholder Value*-Gedanken und der bereits erwähnten dynamischen Wachstums-Ideologie verpflichtet fühlen. Zudem wollen sich alle Beteiligten als herausragende Protagonisten dieses Gedankengutes profilieren. Auch gelingt es nicht allen, die es angeht, wissenschaftlich fundierte Grundsätze der Personalführung in der notwendigen Tiefe intellektuell zu durchdringen, sodass aus „Fördern durch Fordern“ gelegentlich „Befördern und Überfordern“ wird.

Ergo werden Curts nach bestem Wissen und Gewissen ermittelte Planzahlen an höherer Stelle nicht einfach so akzeptiert. Auch höhere Führungskräfte und hauptberufliche Planer haben bereits vernommen, dass Esel dazu neigen, stehen zu bleiben, bevor sie ihr Potenzial ausgeschöpft haben. Dem muss durch mutigere Planvorgaben begegnet werden. Und selbstverständlich sind in der Welt der erfolgreichen Macher rückläufige Steigerungszahlen eine moderne Form des Sakrilegs.

Wir erhalten somit folgendes Bild:

	lfd. Jahr	Planjahre		
	0	1	2	3
Curts Selbsteinschätzung	100	130	156	172
Steigerungsrate in %	-	30	20	10
Planzahlen „von oben"	**100**	**135**	**189**	**274**
Steigerungsrate in %	**-**	**35**	**40**	**45**

Wenn wir bei unserer Unterstellung bleiben, dass Curts ursprüngliche Selbsteinschätzung nicht nur subjektiv, sondern auch objektiv realistisch war und sich im Übrigen die Bedingungen nicht geändert haben, so ist das Dilemma für Curt offensichtlich: Er wird seine Vorgaben zwanglläufig verfehlen und somit in der Wahrnehmung seiner Beurteiler versagen.

Interessant erscheint hier die Frage, wie sich die erhöhten Vorgaben auf das Verhalten und den Erfolg von Curt auswirken. Wenn er sich der zutreffenden Einschätzung seines Leistungspotenzials von 100 % sicher ist, so wird er die erhöhten Planzahlen als Überforderung empfinden.

Gerade im Bereich des Sports hört man bisweilen Formulierungen wie: „Wenn's drauf ankommt, muss man halt mal mehr als 100 % leisten!" Den Nachfahren antiker Gladiatorenkämpfer sei diese Unschärfe verziehen. Gemeint ist wohl die Unterstellung, dass Athleten gemeinhin nicht 100 % ihres Leistungsvermögens ausschöpfen, sodass noch „Luft" bis zum wahren Optimum, den 100 %, besteht.

Was aber, wenn wie im unterstellten Falle bei Curt der Leistungsträger tatsächlich bereits die volle Ausschöpfung seines Potenzials anbietet? Muss eine Hochstufung der Norm dann auf ihn nicht wirklichkeitsfremd und folglich demotivierend wirken? Ein solcher Effekt könnte dazu führen, dass Curt im Folgejahr sogar die ursprünglich erreichbare Ziffer von 130 verfehlt, weil seine Kräfte durch Zweifel am System gebunden sind.

Um die anzunehmenden Negativeffekte nicht zusätzlich zu multiplizieren, wollen wir im Folgenden davon ausgehen, dass Curt tatsächlich wie erwartet seine maximale Leistung zu erbringen vermag.

Dennoch ergibt sich folgendes deprimierendes Bild:

	lfd. Jahr	Planjahre		
	0	1	2	3
Planzahlen „von oben"	100	135	189	274
Curts erreichbare Leistung	**100**	**130**	**156**	**172**
Abweichung vom Plan (ohne evtl. Plankorrektur)	**-**	**- 5**	**- 33**	**- 102**

Diese Entwicklung kann Curt allerdings verhindern, wenn er über entsprechende eigene Erfahrung verfügt oder ähnlich fatale Prozesse schon bei Kollegen beobachten konnte. Seine Probleme rühren offenbar daher, dass seine Leistungsbereitschaft und seine Ehrlichkeit auf Automatismen im Unternehmen treffen, die unterstellen, Mitarbeiter hielten aus Trägheit oder Arglist prinzipiell ihr Potenzial zurück, sodass die Führung sie ständig zur Höchstleistung antreiben muss. So führt ein negatives Menschenbild zu dauerndem Druck: Aus „mehr" muss immer „noch mehr" werden. Der „Über-100 %-Wahn" wird Methode.

Wer dies als Mitarbeiter beobachtet, erkannt und verarbeitet hat, wird reagieren. Wenn Curt diese Entwicklung voraussieht, gilt es zunächst, vor der Weitergabe seiner eigenen realistischen Prognose den Optimismus herauszunehmen. Die eigene positive Entwicklung muss er nicht schon vorher loben. Es reicht völlig, wenn er dies ex post tun kann. Auch die zuversichtlichen Erwartungen an die künftige Entwicklung des Umfeldes sind ja noch nicht konkret. Da lassen sich mit etwas Kreativität denkbare Belastungen und retardierende Einflüsse finden, die die Zukunft weniger rosig erscheinen lassen.

Auch könnte Curt bedenken, dass Steigerungsraten jeweils auf eine Basis gerechnet werden, die in der Gegenwart geschaffen wird. Indem er also in seinem derzeitigen Schaffen etwas Zurückhaltung übt, kann er denen, die erwartungsgemäß von ihm progressive Steigerungen fordern, den Wind aus den Segeln nehmen. Selbst wenn von den vorgeordneten Instanzen dann auf Curts Planvorschläge im gleichen Maße draufgesattelt wird, bleiben die Folgen beherrschbar.

Unterstellen wir, dass Curt durch Drosselung seines Einsatzes im laufenden Jahr die Planungsbasis reduziert, seine prognostizierte Steigerung zurückfährt und seine Vorinstanzen sich stereotyp verhalten, kann sich das Bild wie folgt verändern:

	lfd. Jahr	Planjahre		
	0	1	2	3
Curts reduzierte Selbsteinschätzung	**90**	**99**	**109**	**120**
Steigerungsrate in %	-	**10**	**10**	**10**
angepasste Planzahlen „von oben"	**90**	**104**	**124**	**155**
angepasste Steigerungsrate in %	-	**15**	**20**	**25**

Trotz des Ehrgeizes seiner Vorgesetzten steht Curt nun vor einer machbaren Aufgabe, denn sein wahres Potenzial liegt über den Anforderungen, die an ihn gestellt werden:

	lfd. Jahr	Planjahre		
	0	1	2	3
angepasste Planzahlen „von oben"	90	104	124	155
Curts erreichbare Leistung	90	130	156	172
Potenzielle Übererfüllung des Planes	-	**+ 26**	**+ 32**	**+ 17**

Nun hat Curt die Trümpfe in der Hand. Diese mögliche Entwicklung vor Augen, hat er grundsätzlich zwei Optionen:

a) Er kann sein Potenzial voll ausschöpfen, die nunmehr reduziert vorliegenden Planzahlen deutlich übertreffen und seine Vorgesetzten sensationell positiv überraschen. Es soll ja schon Gesellschaftsformen gegeben haben, in denen Protagonisten, die diese Option wählten, dann als „Helden der Arbeit" dekoriert wurden. Eine solche Option kann Curt wählen, wenn er ganz sicher ist, spätestens nach der 2. Planungsperiode befördert zu werden und die Planerfüllung kommender Jahre (d. h. das Scheitern an der höher gelegten Latte) anderen überlassen zu können. Kurz gesagt: Curt kann *das System ausplündern.*
b) Falls er nicht absolut sicher sein kann, der weiteren Entwicklung auf dieser Position in den nachfolgenden Jahren aus dem Wege gehen zu können, empfiehlt sich allerdings eine vorsichtigere Strategie. Da eine dokumentierte Leistungssteigerung jeweils eine überproportionale Erhöhung der Anforderungen nach sich zieht, sollte Curt sein Understatement zur Methode machen und pro Periode lediglich eine Leistung abliefern, die eine für ihn erfüllbare Planvorgabe nach sich zieht. Kurz gesagt: Curt *schöpft sein Potenzial nicht mehr aus, sondern hält sich taktisch zurück.*

Wenn Curt seine zur Vorsicht mahnenden Erkenntnisse umsetzt - und dies wird bei Mitarbeitern mit wachsender Erfahrung immer wahrscheinlicher –, dann wird er Option b) wählen und den Plan nur bescheiden (z. B. um 3 %) übertreffen. Das führt zu folgender Entwicklung:

	lfd. Jahr	Planjahre		
	0	1	2	3
Realistisches Potenzial ex ante[1]	100	130	156	172
angepasste Planzahlen „von oben“	90	104	124	155
Taktisch angepasste effektive Leistung	**90**	**107**	**128**	**160**
Verlust an potenzieller Leistung ex post (Zeile 1 minus Zeile 3)	**10**	**23**	**28**	**12**

1 = Curts ursprüngliche Selbsteinschätzung

Curt verhält sich also in der Tat so klug wie der eingangs erwähnte Esel: Im Interesse seines Selbstschutzes hält er Leistungspotenzial zurück, um einer erwarteten fremdbestimmten Überforderung vorzubeugen – und gilt dabei im Unternehmen dennoch als erfolgreich!

Für die betroffenen Unternehmen hat dieser Grautier-Effekt fatale Folgen: Durch die erhebliche Drosselung des tatsächlichen Leistungspotenzials wird eine entsprechende Wertsteigerung vereitelt. Paradoxerweise geschieht dies gerade als Folge besonders intensiver Forderung nach Wertsteigerung. Der in kapitalistischer Denksystematik motivierte Druck auf die mittleren Ebenen bewirkt dort Reaktionen, wie sie eigentlich für Organe der Planwirtschaft typisch sind. Man könnte dies eine „DDRisierung“ von Kapitalgesellschaften nennen.

Übrigens: Ein mittelständischer Unternehmer wird aufgrund der Überschaubarkeit der vorhandenen eigenen Potenziale und der zu berücksichtigenden Umfeldfaktoren seine Planungen realistischer gestalten und auf Vorgaben verzichten, welche die eigenen Mitarbeiter als leistungshemmende Bedrohung empfinden müssen. Wenn dennoch eine mittlere Führungskraft ihre Planungshoheit destruktiv einsetzen sollte, wird er diese beim ersten Mal abmahnen und im Wiederholungsfall rauswerfen.

4.1.3 Sparschwein

Primat des Rechenbaren

„Quod non est in actis, non est in mundo."

Auch die Menschen in der Antike hatten schon ihre Probleme mit der Bürokratie, wie dieses Zitat für die humanistisch Gebildeten zeigt. Was nicht irgendwo registriert und veraktet ist, das existiert nicht. Eine Denkweise, wie sie der Hauptmann von Köpenick so trefflich ins Absurde geführt hat.

Die Neuzeit, die alles so dynamisch fortentwickeln will, macht natürlich auch vor der Veraktung nicht halt. Die Akten haben sich – vermeintlich papierlos – derweil in Datensätze gewandelt und an die Dokumentation von Wahrheiten werden gesteigerte Anforderungen gestellt. Was überzeugen soll, muss zur Präsentation mit Animationen via Beamer aufgemotzt sein. Was ein treffendes Argument sein soll, muss kalkulierbar – also ein Zahlenwerk – sein, um mit mathematischer Genauigkeit den Anschein von Unwiderlegbarkeit zu erzeugen. Heute muss es heißen:

Was nicht in Zahlen an die Wand geworfen werden kann,
ist kein Argument.

In der Praxis hat das sehr anschauliche Auswirkungen.

Wenn ich zum Beispiel, um ein Anliegen zu besprechen, bei einem Dienstleister anrufe, werde ich mit an Sicherheit grenzender Wahrscheinlichkeit in ein *Call Center* geleitet. Solch ein „Ruf-Zentrum" kann man sich modellhaft als einen Raum vorstellen, in den alle hineinrufen. Damit ist schon mal klar, dass die Unterdrückung von Orientierung und Verständigung systemimmanent ist.

Ich gerate mit meinem Anliegen also an eine Person, die im Wesentlichen über zwei Kompetenzen verfügt:

- Sie weiß, wie man das Telefon bedient.
- Sie ist freundlich.

Zudem wird sie in der Regel durch eine EDV-Anwendung unterstützt, welche ihren Mangel an Orientierung ausgleichen soll. Die Person selbst besitzt nämlich – und je größer das System ist, umso stärker gilt dies – wichtige Kompetenzen nicht:

- Sie hat vom Gegenstand des Unternehmens und seiner Branche keine Ahnung. Wenn sie über auch nur halbwegs ansprechendes Fachwissen verfügte, würde man sie nämlich nicht ins CC setzen, sondern als Spezialist oder Berater deklarieren und ertragswirksamer einsetzen.
- Sie kennt niemanden in dem Unternehmen, weiß nicht einmal, welche Abteilung sich in welchem Betriebsteil befindet, weil sie nämlich mit ihrem Telefon fernab vom eigentlichen Geschehen in irgendeinem billigen Gewerbeimmobil in einem der strukturschwachen Gebiete unseres Landes sitzt. Noch befinden sich diese Leute im deutschsprachigen Raum, allerdings ist mittelfristig im Zuge der weiterschreitenden Optimierung mit gewissen interkulturellen Auffälligkeiten zu rechnen, z. B. dem Dialekt der indischen Landbevölkerung.

Wenn ich nun eine Kunden- oder Vertragsnummer nennen kann, gehöre ich zu den Glücklichen: Ich habe eine Vermittlungschance (das klingt nach Heiratsvermittlung und betrifft wohl auch ein ähnlich delikates Problem). Wehe aber, die Kommunikation läuft nach folgendem Muster:

„Ich habe nur eine allgemeine Frage zu den Bedingungen."
„Da kann ich Ihnen leider gar nichts sagen. Ich muss sie weiter verbinden."
„Wer kann mir denn eine Frage zu den Konditionen beantworten?"
„Da fragen Sie am besten Ihren Betreuer."
„Ich kenne niemanden bei Ihnen."
„Haben Sie nicht irgendwas, wo ein Name steht?"
„Muss ich gucken ... Auf einem Schreiben vom letzten Jahr steht der Name Curt, Apparat 1174!"
„Ich verbinde ... Bei Herrn Curt nimmt leider niemand ab."
„Dann geben Sie mir jemanden, der in seiner Nähe sitzt."
„Wissen Sie einen Namen?"
„Nein, natürlich nicht. Geben Sie mir einfach irgendjemanden aus der Abteilung von Herrn Curt."
„Was ist das denn für eine Abteilung?"
usw., usw.

Letztlich bleibt mir nur die Resignation. Wahrscheinlich ist meine Frage auch gar nicht so wichtig, um diesen Kampf zu lohnen. Meist bleibt mir noch die letzte Chance im Internet: klicken bei *Frequently Asked Questions* (häufig gestellte Fragen).

Warum ist das so? Offenbar hat vor der Etablierung einer solchen (Schein-)Lösung ein Entscheider dies für die optimale Lösung gehalten. Aber optimal in Bezug worauf? Schauen wir auf mögliche Kriterien:

- Kundenzufriedenheit; das liegt aus der Sicht der Nutzer natürlich am nächsten und wäre in einer Diskussion gewiss auch das Kriterium, das als Erstes vollmundig zitiert wird. Es hat allerdings eine Schwäche: es ist „weich", d. h. schwer zu dokumentieren und zu beweisen. Rechnen kann man damit überhaupt nicht;

- Verfügbarkeit von Ressourcen; die Kommunikations- und Datentechnik ist nicht das Problem. Beim Personal sind Geringqualifizierte leichter zu finden als Qualifizierte: Ein Punkt für das CC;
- Kosten; die Betreuung durch qualifiziertes Fachpersonal ist teuer, zumal wenn zeitintensive persönliche Kontakte drohen. Wesentlich günstiger sind billige Kräfte, die man von den kalten Fluren der Arbeitsagentur holt. Diese braucht man nur auf die o. g. Qualifikationen zu briefen und schon ist die Billiglösung arbeitsfähig. Zudem arbeiten Geringqualifizierte im Kundenkontakt zeiteffizienter, weil sich ein längeres Gespräch mit ihnen ohnehin nicht lohnt. Und: Ein Kostenvorteil lässt sich ganz eindeutig vorrechnen!

Da sind wir am Punkt. Die Entscheider werden zwar stets betonen, dass ihnen im Interesse wertorientierter Unternehmensführung nichts mehr am Herzen liegt, als die langfristige Zufriedenheit der so hoch geschätzten Kunden. Wenn die vorliegenden Kriterien auf die Waage gelegt werden, hat dieses Argument allerdings nur ein ideelles Gewicht: Seine Bedeutung lässt sich nicht in Zahlen ausdrücken, schon gar nicht für die Perioden, in denen der Entscheider voraussichtlich noch verantwortlich sein wird.

Sehr anschaulich kann man allerdings die Kostenwirkung einer Billiglösung vorrechnen; ggf. sogar schon für die laufende Periode, um zu dokumentieren, wie entschlossen, wertorientiert und erfolgreich der Entscheider handelt.

Aus diesem einen von ungezählten Beispielen lässt sich ein allgemeines Primat der Kosten bei der Entscheidungsfindung herleiten.

Gegenüber fast allen konkurrierenden Aspekten genießen die Kosten einen maßgeblichen Vorteil: Sie sind in ihrer monetären Wirkung und ihrem zeitlichen Eintritt bestimmbar. Der Vorteil für den Entscheider ist konkret greifbar und weitgehend sicher (im Gegensatz etwa zu Umsatzerwartungen). Es ist ja auch nur menschlich:

- Was wiegt die stille Zufriedenheit einiger Kunden gegen einen Kostenblock?
- Was wiegt situative Akzeptanz gegen nachhaltige Effizienzsteigerung?
- Was wiegt guter Wille gegen dokumentierte Performance?
- Was wiegt Ethik gegen den persönlichen Erfolgsbonus?

Die Erwartung an ein vorzeigbares, konkret messbares Ergebnis liefert den Maßstab für die Entscheidung.

Was für den Politiker sein Wahlergebnis ausgedrückt in Wählerstimmen (in der BRD im Schnitt alle 15 Monate), ist für den Manager sein Ergebnis, ausgedrückt in Geld (in der Regel alle 3 Monate).

Deshalb wird gespart, egal was es kostet.

Übrigens: Im Mittelstand ist die Wirkung von Maßnahmen – z. B. auf die Zufriedenheit der Kunden – in größerer persönlicher und zeitlicher Nähe zu beobachten. Schwer quantifizierbare, sog. „weiche“ Faktoren erhalten so eher Gewicht im Vergleich mit Kostenfaktoren. Wenn ein mittelständischer Unternehmer einen Mitarbeiter ausmachen sollte, der vitale Unternehmensinteressen kaputtspart, wird er ihn beim ersten Mal abmahnen und im Wiederholungsfall rauswerfen.

4.1.4 Falscher Stall

Vergeudung von Ressourcen

Ein Bauer wird nicht reich durch die Kartoffeln, die er fortwirft, sondern durch diejenigen, die er verkauft.

Auf den ersten Blick erscheint diese Erkenntnis trivial. Etwas betriebswirtschaftlicher ausgedrückt: Effizientes Wirtschaften bedingt den bestmöglichen Einsatz an Ressourcen.

Abweichungen von diesem Prinzip kann man sich nur im Privaten leisten. Da wird schon mal ein neuer Fernseher gekauft, obgleich der alte es noch genauso gut täte. Beim Auto des neuesten Baujahres mag uns der Statuswert wichtiger sein als der Gebrauchswert. Und zumindest Frauen wissen, dass die Mode vom Vorjahr nur noch einen Wert von Null hat.

Im Wirtschaftsleben indes erwarten wir ein klares Kalkül und das Primat der Wertsteigerung. Aber wird das in der Praxis auch so gelebt?

Beobachten wir doch wieder unseren bewährten Freund Curt, wie er in einem konkreten Fall den Herausforderungen seines Großunternehmens begegnet.

Curt wird von seinem Vorgesetzten die Verantwortung eines Projektleiters übertragen. Das betreffende Projekt ist für das Unternehmen wichtig und genießt damit entsprechende Aufmerksamkeit. Auch ist das Projekt aufwendig, bedingt die Sammlung und Aufarbeitung umfassender Informationen, die Entwicklung komplexer Szenarien, die Bewertung aller möglichen Alternativen und eine rasche Umsetzung der optimierten Lösung. Kurz gesagt: Curt steht vor einem riesigen Berg Arbeit und muss den Einsatz erheblicher finanzieller, personeller und technischer Unterstützung koordinieren. Voller Stolz und Tatendrang packt unser Curt die Sache an.

Da spricht ihn ein Kollege aus einem anderen Unternehmensbereich an. Nennen wir ihn Gunnar, weil es so nach Gönner klingt. Gunnar hat von Curts Projektauftrag gehört und erkennt deutliche Überlappungen mit Arbeiten, die kürzlich in seinem Bereich gemacht worden sind. Er hat eine freudige Botschaft: 80 % dessen, was in Curts Projekt an Arbeiten geleistet werden muss, liegt aus dem Gunnar-Projekt bereits fertig vor. Curt muss lediglich noch 20 % der Leistung obendraufsetzen, um zum gewünschten Projekterfolg zu kommen. Eine echte Hilfe, dieser Gunnar!

Zur Klärung unseres analytischen Blickes wollen wir zunächst einmal schauen, was ein streng rational handelnder Projektleiter (also der *homo oeconomicus*) mit Gunnars Botschaft anfangen würde. Er würde sich von der Verwendungstauglichkeit des angebotenen Materials überzeugen und im (unterstellten) positiven Falle erkennen, dass sich mit dessen Einsatz erhebliche Projektmittel sparen lassen. Auch lässt sich Zeit sparen und das Projektergebnis kann früher wertsteigernd eingesetzt werden. Zudem beweisen die beteiligten Personen ihre Kooperationsfähigkeit und Wertorientierung, handeln also im Sinne der Unternehmensphilosophie. So viel zur Theorie.

Ein real existierender Manager wie Curt ist allerdings kein logisch-stringent handelndes Modellwesen, sondern ein Mensch. Als solcher empfindet er Gunnars Eintreten in sein Tätigkeitsfeld als Revierverletzung. Er, Curt, hat die Ehre erfahren, mit diesem wichtigen Auftrag bedacht zu werden. Er allein entscheidet, was projektrelevant ist und was nicht. Es ist an Curt, initiativ zu werden und ggf. Unterstützung einzufordern. Da kann es nicht angehen, dass irgendein Gunnar daherkommt und Curt erzählt, was er braucht.

Auch ist Curt – wie die meisten Projektleiter – von dem Bewusstsein beseelt, etwas schaffen zu wollen, wie es in dieser Qualität noch nicht da gewesen ist. Zu diesem Zweck muss völlig neu gedacht werden. Althergebrachtes, durchsetzt von Vorurteilen und Irrtümern anderer, muss über Bord geworfen und innovative Ideen müssen kreiert werden. Hierzu ist niemand anders als Curt aufgefordert, denn es ist ja *sein* Projekt. Was entsteht, ist ein Stück von ihm. Für alle anderen Beiträge und

Ideen, die von außerhalb der Projektorganisation – zudem unaufgefordert – herangetragen werden, gilt die anglophile Kurzformel: *Not invented here!* Das heißt, was nicht auf meinem Mist gewachsen ist, kann auch nichts taugen. Beiträge von dritter Seite stören nur den optimierten Prozess. Auch wenn Gunnar ein geflügeltes Einhorn präsentieren könnte: Es kommt aus dem falschen Stall und fliegt raus.

Letztlich ist auch der Aspekt der geistigen Urheberschaft bedeutsam. Viele Augen im Unternehmen schauen auf den Fortgang von Curts Projekt. Was würden die Mächtigen auf der Führungsetage denken, wenn sie gewahr würden, dass Curt vieles verarbeitet hat, das schon vorhanden war? Würden sie rational handeln und Curt zugute halten, dass er uneitel und wertorientiert gehandelt hat wie der homo oeconomicus? Oder würde man sagen, er habe nur abgekupfert und eigentlich nur eine bescheidene Leistung erbracht? Die Erwartung, die Curt bzgl. der Reaktion seiner Beurteiler hat, hängt ab von seiner eigenen Einschätzung über deren Vermögen, durch die Brille der Sachlichkeit auf Wertschöpfung und Unternehmensinteresse zu schauen. Wie groß Curts Zuversicht in diesem Punkt sein kann, beschreiben die vorausgehenden Kapitel.

Ergo wird Curt nicht auf die Weisheit anderer vertrauen, sondern sich den Kernsatz jeder Projektarbeit vor Augen halten:

Der Sinn eines Projektes liegt in der Profilierung des Projektleiters.

Wichtig ist allein, dass das Projekt als Erfolg wahrgenommen und als solches mit Curts Namen identifiziert wird. Ob 80 % der eingesetzten Mittel vergeudet worden sind, interessiert niemanden mehr, wenn das Projektergebnis erst einmal erfolgreich präsentiert worden ist. Alle Faktoren oder Personen, die etwas vom Glanz ablenken könnten, der Curt zuteil werden soll, sind Störfaktoren. Gunnar will Curt doch nur die Schau stehlen!

Was wird Curt also praktisch tun? Er wird Gunnar als Feind erkennen, der ihn mit seiner Wichtigtuerei um den erwarteten Ruhm und Erfolg bringen will. Curt wird nachweisen, dass Gunnars Daten veraltet, die Informationen unrichtig, die Berechnungen falsch, die Schlussfolgerungen fragwürdig, die Szenarien unrealistisch, die Argumente einseitig, die Ergebnisse am Thema vorbei und somit das gesamte Material völlig untauglich sind. Sollte sich noch Widerstand regen, muss notfalls nachgewiesen werden, dass Gunnar und seiner gesamten Abteilung die fachliche Kompetenz gänzlich abgeht, sich über Curts Projekt fundiert äußern zu können. Dieser Abwehrkampf kann dazu führen, dass nicht nur die 80 % vorhandene Vorleistungen von Gunnar im Mülleimer landen, sondern Curt auch noch erheblichen Mehraufwand in seiner Projektarbeit hat, weil er zusätzliche Ressourcen einsetzen muss, um Gunnar abzuwehren. Das ergibt dann das folgende Bild:

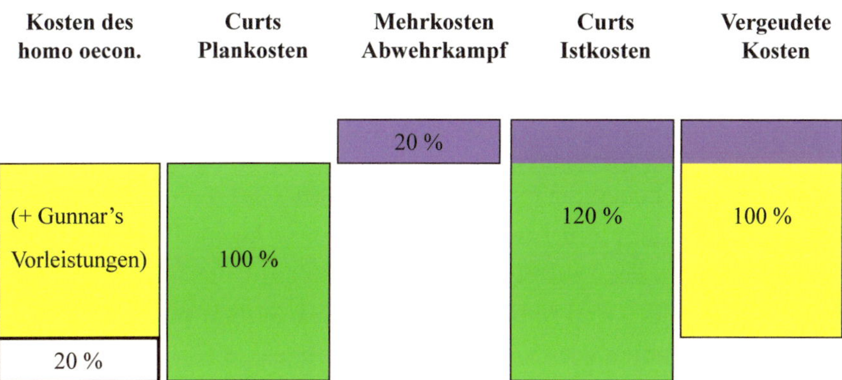

Im vorliegenden Beispiel sind also letztlich die durch Ignoranz und Konflikt vergeudeten Kosten so groß wie die ursprünglichen Plankosten. Dies wohlgemerkt nur, weil Curt so handelt, wie es seine Interessenlage gebietet: Wenn er anders handelt, gefährdet er seine Karriere. Auch wird dieses desaströse Ergebnis der Unternehmensführung nicht bewusst werden. Wenn Curts Abwehrkampf gegen Gunnar erfolgreich ist, erscheint der Projektverlauf unverdächtig. Gelitten hat nur die Wertentwicklung des Unternehmens. Aber das interessiert ohnehin nur den seelenlosen homo oeconomicus – und vielleicht ein wenig den armen Gunnar, der nun seine Wunden leckt.

Unter den Bedingungen in Großunternehmen könnten also auch Bauern reich werden, die die Hälfte ihrer Kartoffeln auf den Mist werfen. Hauptsache, den Gutsherren schmeckt die Suppe.

Übrigens: Ein mittelständischer Unternehmer könnte leichter als ein Manager im Großbetrieb das Ressourcenmanagement seiner Mitarbeiter kontrollieren. Wenn dennoch ein Mitarbeiter aus Egoismus vorhandene Ressourcen ignoriert und stattdessen zusätzliche Kosten verursacht, wird er ihn beim ersten Mal abmahnen und im Wiederholungsfall rauswerfen.

4.2 Attest

Fazit

Die beschriebenen Symptome zeugen davon, dass Metastasen im Korpus von Großunternehmen ein dynamisches Eigenleben entwickeln, neue Formen des Fehlverhaltens (gemessen am Unternehmensinteresse) herausbilden und somit die Störungen im System verstärken.

Dabei können wir den Beteiligten durchaus gute, zumindest nachvollziehbare Motive attestieren. All dies geschieht ohne destruktive Absicht allein aus den Zwängen des Systems heraus.

Während der pathologische Befund augenfällig ist, verdient die Frage nach seinen Ursachen und Auslösern unser verstärktes Interesse. Wir haben auf den verschiedenen Hierarchie-Ebenen, die wir betrachtet haben, bisher niemanden definiert, der den Diabolus verkörpert.

5. Pathogenese

Ursachenforschung (Krankheitsentstehung)

Bevor wir uns der Ursachenforschung für die beobachteten Defekte hingeben, schauen wir im Interesse der Klärung zunächst auf die bedeutungsschweren Begriffe, mit denen wir hantieren:

- Moral: Hier verstanden als die Summe der nicht kodifizierten Normen, an denen sich der einzelne Mensch orientiert. Sie entscheidet z. B., was den Einzelnen motivieren kann und welche Handlungen er für vertretbar hält. Für Führungskräfte gilt ein Multiplikatoreffekt auf ihre Mitarbeiter. Obere Führungskräfte wirken prägend in die gesamte Belegschaft hinein. Dabei ist zu beachten, dass diese Prägung gleichgerichtet (der oberste Chef wird als Vorbild angenommen) oder oppositionell sein kann (der oberste Chef wirkt als abschreckendes Beispiel). Sollte Moral mit kodifizierten Normen kollidieren, werden diese zwar erkannt, aber beliebig verletzt, wenn dies durchsetzbar erscheint.
- Werte: Hier verstanden als Summe der Normen, die in der Gemeinschaft als allgemein oder zumindest mehrheitlich akzeptiert gelten können. An diesen Normen wird gemessen, ob die individuell praktizierte Moral sich an den Vorstellungen des Umfeldes bricht. Die Werte definieren den Rahmen, innerhalb dessen Handlungsweisen sozial hingenommen oder gewünscht, ggf. sogar gefordert, werden. Die Wertegemeinschaft, also die Summe jener Menschen, die einen gemeinsamen Wertekanon für sich akzeptieren, integriert Menschen und ihre Handlungen oder grenzt sie aus. Dabei ist die gezogene Grenze keineswegs mit der juristischen Abgrenzung etwa eines Unternehmens identisch. Ganz im Gegenteil: Mit der Größe (und der Anonymität) eines Unternehmens steigt die Wahrschein-

lichkeit für das Auseinanderfallen von Wertegemeinschaft und Belegschaft.

- Kultur: Ist, bezogen auf ein Unternehmen, der Begriff, der über die konkreten Werte hinaus alles umfasst, was über den Umgang mit Menschen und Situationen – gerade auch solchen, die nicht alltäglich sind – entscheidet. Die Kultur sagt etwas über die Reife, innere Qualität und Kraft zur Selbsterneuerung einer Gemeinschaft aus. So definiert sie auch ihre Überlebensfähigkeit unter Belastungen.

Speziell die Wertegemeinschaft wird uns im Weiteren beschäftigen.

Hierzu lässt sich für die im betrieblichen Alltag verwurzelten Praktiker der soeben geschlagene theoretische Bogen leicht auf die mikroökonomische Ebene herunterbrechen. Schauen wir anhand eines einfachen Beispiels auf Curt.

Stellen wir uns vor, Curt hat im Rahmen seiner betrieblichen Aufgaben eine bestimmte Leistung erbracht. Diese Leistung kann sich rückblickend sowohl in Curts eigener Bewertung als auch in der Bewertung seines Umfeldes als stark oder schwach erweisen. Unsere Fragestellung: Wie unterscheiden sich die Folgen dieser Bewertung jeweils, wenn Curt Teil einer intakten Wertegemeinschaft ist und wenn er es nicht ist?

Szenario A: Curt ist *nicht* Teil einer funktionierenden Wertegemeinschaft.

- Annahme **A-** : Curts Leistung wird als schwach bewertet. Die Folge: Curt hat Angst vor Sanktionen. Das Imperium wird zurückschlagen. Selbst wenn Curt nicht gehen muss, ist er in der Folge verunsichert. Seine konkurrierenden Kollegen gönnen ihm das.
- Annahme **A+** : Curts Leistung wird als stark bewertet. Die Folge: Curt hat sich gegenüber seinen Kollegen profiliert. Ihm winkt neben einem finanziellen Bonus ein Aufstieg, der funk-

tional mit einer Siegprämie vergleichbar ist. Die neidischen Kollegen verbleiben auf ihren Plätzen im geschlagenen Feld und warten auf eine Gelegenheit zur Revanche.

Szenario B: Curt ist Teil einer funktionierenden Wertegemeinschaft.

- Annahme **B-** : Curts Leistung wird als schwach bewertet. Die Folge: Curt ist seine Fehlleistung gegenüber der Gemeinschaft peinlich. Auch wenn (oder gerade wenn) man ihn nicht schwer anrüffelt, will Curt die Scharte auswetzen und hängt sich besonders rein, um sein Ansehen in der Gemeinschaft wieder zu verbessern. Seine Kollegen würdigen seinen Eifer und unterstützen ihn.
- Annahme **B+** : Curts Leistung wird als stark bewertet. Die Folge: Curt steigert seinen Status als Mitglied der Gemeinschaft, indem er dieser materiell etwas bringt. Er wird auch hier aufsteigen, allerdings infolge von breiter persönlicher Akzeptanz, die Neideffekte weitgehend vermeidet.

Die Auswertung des Beispiels ist einfach: Die funktionierende Wertegemeinschaft fängt Negatives auf und fördert den Antrieb zur Umkehr. Individueller Erfolg wird zum Erfolg aller. Beim Fehlen dieser Gemeinschaft treten bei jeder Ausprägung von individuellem (Miss-)Erfolg destruktive Folgeeffekte auf.

Im Fußball sagt man, wer ein Tor erzielen will, muss dahin gehen, wo es weh tut. Analog hierzu muss derjenige, der Erkenntnis gewinnen will, auch einmal dort herumstochern, wo es mieft.

In diesem Sinne wollen wir frischen Mutes (und ohne die Luft anzuhalten) uns wieder unserer zentralen Metapher zuwenden: dem stinkenden Fisch. Nach der Betrachtung des Kopfes und seiner Wirkung auf den Körper wollen wir nun einen Schritt zurück tun und uns fragen, was den Prozess ursächlich auslöst. Warum eigentlich fängt ein Fisch an zu stinken?

Ohne mich – von Vorkenntnissen unbelastet – in die Wissensgebiete der Veterinärmediziner oder Pathologen drängen zu wollen, fallen mir vier denkbare Ursachen für die Entwicklung zum Stinkefisch ein:

- Es liegt an dem Wasser, in dem er schwimmt. Dies ist ein höchst moderner Gedanke: Auslöser ist nicht der Fisch selbst, sondern die *Umwelt*, in der er lebt.
- Der Gestank kommt von dem *Futter*, von dem der Fisch sich ernährt. Auch diese Ursache käme von außen und böte Chancen, den Fisch als solchen zu exkulpieren.
- Es liegt in der Genetik des Fisches begründet, irgendwann mit Stinken zu beginnen. Dann läge die Entwicklung in der *Grundlage* seiner Existenz.
- Das Stinken kündigt das *Lebensende* des Fisches an. Wir sind mit der Vergänglichkeit allen Fleisches konfrontiert.

Im Folgenden können wir uns nun an den Ansätzen, die uns unsere Metapher liefert, entlanghangeln, indem wir in der Welt des Big Business Analogien suchen.

Schon die ersten Ideen weisen darauf hin, dass wir Fragen nach Ursache und Wirkung begegnen werden. Stinkt der Fisch wegen des Wassers? Oder das Wasser wegen des Fisches? Wann kippt der ganze See und stinkt? Trägt jemand Schuld an der Entwicklung? Alle? Keiner? Das Biotop (also das System)?

5.1 Infektion

Ansteckung aus dem Umfeld

Betrachten wir das Wasser, in dem unser Fisch schwimmt. Kann es sein, dass er sich mit etwas ansteckt? Einem Einfluss (im wahrsten Sinne des Wortes) unterliegt, der von außen kommt und ihn schädigt? Er nicht selbst Auslöser seiner Wandlung ist?

In der Analogie geht es für Unternehmen um das gesellschaftliche Umfeld, mit dem sie sich austauschen. Dieser Austausch ist intensiv und vielfältig. Abgesehen vom Leistungsverkehr umfasst er vor allem Informationen im weitesten Sinne, also auch Einflüsse durch Moden, Trends und Ideen. Sie fließen über eine Vielzahl von klassischen und elektronischen Kanälen zwischen Unternehmen und Umfeld. Wichtigster Überträger sind jedoch die Menschen, die gleichzeitig Bürger unserer Gesellschaft wie auch Teilnehmer in ihrem Unternehmen sind, das sie abends verlassen und morgens erneut zur Arbeit betreten. Sie transportieren so schwer fassbare Dinge wie etwa Zeitgeist und kollektive Stimmungen, also alles, was man braucht, um ein Wertesystem komplex und vital zu machen.

Uns interessiert hier insbesondere der Wandel von Werten, die das Verhalten beeinflussen von Menschen und von Institutionen, in die sich Menschen einbringen.

- Was verändert sich im Verständnis der Menschen von sich selbst und ihrem Umfeld?
- Gehen Werte verloren oder entstehen neue?
- Bestehen funktionierende Korrekturmechanismen?
- Finden wir Erklärungsvariable für die beobachteten Phänomene in Großunternehmen?

5.1.1 Entpflichtung

Verlust von Pflichtverständnis

„Der Preis der Größe heißt Verantwortung."
(Winston Churchill)

Was liegt zwischen den Bildern von „König Kunde" und „Dienstleistungswüste Deutschland", zwischen „Global Player" und „Unternehmen Zukunft"? Da ist etwas, das uns Aufschluss über Werte geben kann: das Selbstverständnis der Leistungsanbieter.

Zur Betrachtung von professionellem Selbstverständnis wählen wir zunächst – was den Leser überraschen mag – einen Landarzt. Was könnte typisch für seine Berufsauffassung sein?

- Chancen: Patienten und somit Einkünfte wird er immer haben: Reich wird er heutzutage wohl nicht mehr.
- Risiken: Mit berufstypischer Versicherung sind die beherrschbar.
- Reputation: Die ist ansehnlich, war aber früher schon besser.
- Rechte: Die sind nicht spezifisch auffällig; okay, er kann krank schreiben, ins Krankenhaus einweisen und Medikamente verordnen.
- Pflichten: Er ist für die Gesundheit und ggf. das Leben der Menschen in seinem Umfeld verantwortlich. Er muss bereit sein, jederzeit zu helfen und sich in den Dienst anderer, speziell der Leidenden, zu stellen.

Da haben wir etwas ganz Wesentliches: Jeder Arzt, der seinen Beruf nicht nur wegen der vermeintlichen Einkommenschancen gewählt hat, sondern vielleicht sogar an Brennpunkten arbeitet (Landarzt, Unfallchirurg etc.) definiert sich über ein hohes Maß an Verantwortung und die Pflicht, seine Leistung zu erbringen, wo Menschen ihrer bedürfen. Verweigert er seine Leistung, z. B. weil ihm die Bezahlung nicht hoch genug ist, werden Menschen leiden, vielleicht sogar sterben. Ein Spezifikum des Berufes Landarzt ist also sein Verständnis von Pflicht.

Bleiben wir im ländlichen Bereich und betrachten wir im Vergleich einen Gewerbetreibenden, einen Metzger, den einzigen am Ort. Wie könnte sein berufliches Selbstverständnis im Verhältnis zu dem Landarzt aussehen? Er wird seine Metzgerei betreiben, um damit ein Einkommen, möglichst sogar Wohlstand zu erwirtschaften. Sein Ansehen als Handwerksmeister sollte ihm etwas bedeuten. Für beide Aspekte hat er ansehnliche Chancen, weniger als der benachbarte Landarzt, aber immerhin. Doch wie steht es mit seinen Pflichten gegenüber seinen Kunden? Klar, qualitativ gute Ware und Hygiene wird man von ihm erwarten. Zur Vermeidung von Fleischvergiftungen hat er sogar eine erweiterte Verantwortung. Und sonst? Was passiert, wenn er mit seinem Einkommen unzufrieden ist oder genug verdient hat und seinen Laden schließt? Den Menschen in seinem Umfeld erwachsen Probleme bei der Fleischversorgung. Wer mobil ist, kann sich helfen, andere müssen eine Versorgungslücke in Kauf nehmen. Auch hier wird also eine Rücknahme der (Metzger-)Leistung für die Abnehmer, einen Teil der Gesellschaft, zum Problem.

Dies wirft die Frage auf: Übernimmt jemand, der eine berufliche Qualifikation erwirbt und eine konkrete Funktion einnimmt, damit auch eine Verantwortung, die gewählte Rolle wahrzunehmen? Erwächst aus einer Qualifikation die Pflicht, diese einzubringen, wo sie benötigt wird?

Pflicht – das ist so etwas wie das Unwort des Jahrhunderts. Alle bestehen ständig auf ihren Rechten, fordern zusätzliche. Wer fordert Pflichten ein?

- Das Recht auf freie Berufswahl – bedingt es nicht die Pflicht, die gewählte Rolle auch auszufüllen?
- Das Recht auf Ausbildung – zieht es nicht die Pflicht nach sich, das Erlangte nutzbringend, nicht nur für sich selbst, einzusetzen?

- Jedes Wahlrecht – beinhaltet es nicht auch die Pflicht, sich im Geist der gewählten Option nach Kräften einzubringen?

Lassen Sie mich an dieser Stelle ganz wertkonservativ werden:

- Die Pflicht ist untrennbar die andere Seite des Rechtes.
- Die Verantwortung ist untrennbar die andere Seite der Macht.

Für den Metzger bedeutet dies, dass sein Rollenverständnis einseitig und unvollständig ist, wenn er seine berufliche Funktion lediglich als Ertragchance in einer Marktnische sieht. Er sollte sich auch in der Verantwortung sehen, seinem Umfeld eine in Bestand und Qualität zuverlässige Versorgung zu sichern. Was sonst wäre seine Funktion in der Gesellschaft? Wofür wurde er ausgebildet? Wozu sonst schützt die Gemeinschaft seinen Berufsstand (z. B. durch Gewerbe- und Handwerksrecht) und die Unversehrtheit seines Ladens (z. B. durch Polizei und Feuerwehr)? Da darf er doch nicht alle Verantwortung hinter sich fallen lassen in der Meinung, wenn nach ihm schon nicht die Sintflut käme, so doch ein Verbrauchermarkt. Im Wort „Selbständigkeit" steckt „Stand". Der Selbständige steht also für etwas. Er sollte es zumindest.

Diese Regel gilt für den abhängig Beschäftigten auf den ersten Blick nicht. Doch lässt sich seine Verantwortung auf die Formulierungen seines Arbeitsvertrages sowie im Tarif- und Arbeitsrecht beschränken?

Schauen wir auf einen Beruf, bei dem man altruistische Motive vermuten kann, z. B. in der Pflege. Können wir uns vorstellen, dass eine Altenpflegerin sich für das Wohl ihrer Schutzbefohlenen (man beachte diesen Begriff) über dasjenige Maß hinaus verantwortlich fühlt, welches das Äquivalent ihrer Entlohnung darstellt? Ich denke, das kann man sich vorstellen, vielleicht sogar erwarten, solange die Pflegerin nicht völlig desillusioniert ist.

Es existiert also auch für Nichtselbständige eine Verantwortung über das Arbeitsrecht hinaus. Fragt sich, ob alle Berufsgruppen das so sehen. Fühlt sich ein Versicherungsvertreter über sein Provisionsinteresse hinaus für die Absicherung seiner Kunden verantwortlich? Sorgt sich der Koch an einer Autobahnraststätte auch dann um das Wohlbefinden seiner Gäste, wenn er weiß, dass ohnehin die wenigsten Stammgäste werden? Ist dem Straßenkehrer die Sauberkeit seiner Stadt ein eigenes Anliegen? Will der Werkschutz wirklich schützen oder lieber in Ruhe gelassen werden?

Und welche Verantwortung gegenüber der Gesellschaft empfindet ein Sozialhilfeempfänger? Sieht er sich in der Pflicht, möglichst bald zum Wohle der Gesellschaft, die ihn ernährt, wieder einen Beitrag zu leisten?

Abstrahierend vom Einzelfall wird mir wohl jeder Betrachter zustimmen, dass wir uns mit Mitgliedern der Gesellschaft, die sich in der Verantwortung für andere sehen, bedeutend wohler fühlen als mit dem Verdacht, jeder diene ausschließlich seinem eigenen Vorteil.

Zurück zum eigentlichen Gegenstand unserer Betrachtung: Welches Selbstverständnis von gesellschaftlicher Verantwortung spiegelt sich bei Großunternehmen – nein, nicht in der Prosa des Geschäftsberichtes, dem sog. „Quallenfett", sondern im konkreten Handeln?

Die im Zentrum unseres Interesses stehenden Unternehmen definieren sich heute bevorzugt über ihre Ertragskraft und Marktstellung, über Chancen und Macht also. Im besten Fall wird noch die Qualität der Leistungen ins Feld geführt. Aber die Verantwortung für ihre Rolle in der Gesellschaft?

Nein, ich meine nicht die öffentlichkeitswirksame Spende für eine Wohltätigkeitsadresse und auch nicht erworbene Kunstwerke, die Kultur vortäuschen sollen.

Aussagekräftig könnte die Beobachtung von Unternehmen sein, die sich in einer Metamorphose befinden und mit dem Rollenwandel auch die Neudefinition ihres Selbstverständnisses erfahrbar machen. Eine solche Gelegenheit bieten uns Staatsunternehmen, die im Zuge der Privatisierung dem Typus der uns bekannten marktwirtschaftlich orientierten Großunternehmen zustreben. In Deutschland gibt es da vorzügliche Beobachtungsobjekte: Bahn und Post.

Beide hatten in ihrer herkömmlichen Form staatliche Versorgungsaufträge: Mobilität und Kommunikation flächendeckend zu sichern. Jeder Bürger durfte sicher sein,

- mit Hilfe der Bahn von seinem Wohnort – wenn auch ggf. zeitaufwendig und nach mehrmaligem Umsteigen – in jeden Winkel unseres Landes gelangen zu können
- in erreichbarer Nähe ein Päckchen nach Helgoland aufgeben zu können.

Ziele der Privatisierung dieser Unternehmen waren verbesserte Effektivität und Effizienz. Bringt mich die privatisierte Bahn nun schneller und zuverlässiger in den letzten Winkel? Sende ich mein Paket bequemer und schneller?

Das Verhalten der privatisierten Großunternehmen ist deshalb so interessant, weil sie das nachahmen, was sie bei den bestehenden, am Markt agierenden Konzernen als Erfolg versprechend erkennen. Insofern zeigen sie uns in laborhafter Eindeutigkeit, was das herrschende Verständnis von Marktwirtschaft in den Köpfen der Entscheider praktisch auslöst.

Marktwirtschaft – da orientiert man sich an den Wünschen der Kunden. Allerdings nur an den Wünschen, für die auch gute Preise bezahlt werden, der zahlungskräftigen Nachfrage also. Folgerichtig unterlässt man es, den übrigen, weniger Ertrag versprechenden Bedarf zu decken.

Als Kunden merken wir das konkret daran, dass unrentable Bahnstrecken stillgelegt und zahlreiche Poststellen geschlossen werden, bis zum Einsammeln der Briefkästen (dafür aber *Logistics and Mail*, yeah!). Wenn so ein „Unternehmen Zukunft" aussieht, dann hat die Provinz keine Zukunft.

Hinter diesem Verhalten steht die betriebswirtschaftliche Logik, nur Betriebsteile leben zu lassen, die einen zufriedenstellenden Ergebnisbeitrag liefern, zumindest noch ihre Fixkosten decken. Es gibt da einen alten Trick für progressive Controller: Wenn man die am wenigsten rentablen Kostenstellen eliminiert, dann die Fixkosten auf immer weniger verbleibende Stellen verteilt, kann man sich nacheinander jedes Betriebsteil und jede Leistung unrentabel rechnen und zumachen.

Wenn unsere ehemaligen Staatsbetriebe also ganz tough rechnen, könnte die Zukunft so aussehen: Es gibt noch eine einzige superschnelle und megabequeme Bahnverbindung zwischen Hamburg und München, während die letzte hochrentable, real existierende Postfiliale in Frankfurt steht.

Das Maßgebliche für unsere Betrachtung: Das im Zuge der Privatisierung adaptierte Verhalten verleugnet den früher erfüllten Versorgungsauftrag. Der Blick ist auf (vermutete) Chancen fokussiert. Pflichten im Sinne der Versorgung werden nicht mehr gesehen. Verantwortung besteht ausschließlich gegenüber den Aktionären.

Dies wirft ein Schlaglicht auf den Charakter kapitalmarktorientierter Unternehmen. Deren Protagonisten definieren diese offenbar als Investment, das eine an einem Markt erkannte Ertragschance nutzt, um die Verzinsung des eingesetzten Kapitals zu maximieren. Damit sind die Interessen aller anderen Beteiligten (Kunden, Mitarbeiter, gesellschaftlichen Umfeld) ins Abseits gerückt.

Im Sinne einer breiter angelegten Sinndefinition lässt sich sagen: Die erkannte Ertragschance ist Ausdruck einer Funktion, für die in der Gesellschaft Bedarf besteht; daher der angebotene Preis. Wer sich anbietet, diese Funktion einzunehmen, übernimmt damit auch die Verantwortung für deren Wahrnehmung. Für die Übernahme dieser Verantwortung bekommt die Unternehmung von der Gesellschaft, großteils repräsentiert durch den Staat, auch einen Preis:

- die funktionierende Infrastruktur
- den verlässlichen gesetzlichen Rahmen und den Schutz durch die staatlichen Sicherheitsorgane und

- Menschen, die durch ihre Ausbildung als Mitarbeiterpotenzial zur Verfügung stehen.

Dieses Leistungsverhältnis Unternehmen/Gesellschaft entwickelt sich in der Aufbauphase dynamisch. Je erfolgreicher das Unternehmen ist, umso intensiver nimmt es die Leistungen der Gesellschaft in Anspruch. Erfolg führt in der Regel zu Wachstum, das neben Wertschöpfung auch eine stärkere Inanspruchnahme der Infrastruktur bewirkt. Damit werden auch mehr qualifizierte Menschen im Unternehmen benötigt bzw., aus gesellschaftlicher Perspektive, Arbeitsplätze geschaffen. Übrigens steigt mit dem materiellen Erfolg auch der Bedarf an Sicherung durch den Staat: Wer sonst als das staatliche Gewaltmonopol schützt die erwirtschafteten Werte und ihre Eigner vor Bedrohung, Enteignung, Raub und Plünderung?

Wer eine solche Symbiose plastisch erleben will, schaue auf eine Region, in der ein Großunternehmen (alternativ eine Branche) eine dominierende Rolle einnimmt. Dort ist die Struktur des Umfeldes typischerweise auf die Bedürfnisse des Giganten eingestellt: So werden z. B. Flächen bereitgestellt, Verkehr und Versorgung ausgebaut, Sicherheitskonzepte erweitert, Bildungseinrichtungen und auch andere kulturelle Einrichtungen geschaffen, Zulieferer entstehen, sogar Sonderlasten wie Lärm und Geruch werden willig getragen. Denn alle in der Region erwarten Gegenleistungen: der dominierende Partner möge Beschäftigung schaffen und Steuern zahlen.

Diese Symbiose generiert Verpflichtungen, aus denen sich nicht die eine privat- und marktwirtschaftlich organisierte Seite herausstehlen darf mit der Begründung, die erwirtschaftete Kapitalrendite läge unter den Erwartungen der Anleger. Doch genau dies ist leider in wachsendem Maße zur Regel geworden.

Kapitalgesellschaften nehmen sowohl ihren Erfolg (z. B. durch Verlagerung von Gewinnen in Länder mit niedrigen Steuern) wie auch ihren Misserfolg (z. B. durch Entsorgung von Kostenträgern zulasten der

Gemeinschaft) zum Anlass, die Ausgewogenheit des Leistungsverhältnisses mit dem gesellschaftlichen Umfeld aufzukündigen.

Diese Tendenz erhält eine ganz neue Qualität durch das aktuelle Begehren etlicher prominenter Unternehmen, sich ihr privatwirtschaftliches Scheitern durch staatliche Bürgschaften und Steuergelder ausgleichen zu lassen. Sinkt erst einmal die Moral, durchbricht sie jede Schamgrenze.

Der Merksatz hierzu ist bekannt: „Gewinne privatisieren, Verluste sozialisieren." Verantwortung für das gesellschaftliche Umfeld hat keine operative Bedeutung mehr, sondern verkommt zum PR-Feigenblatt.

Dies liegt jedoch ursächlich nicht an der besonderen Verderbtheit und Sittenlosigkeit der Führungsriegen. In einer Gesellschaft, in der die Ansprüche der Bürger deren Beiträge überwuchern, kann an der Spitze der Leistung tragenden Systeme nichts anderes herauskommen.

Wenn sich die Bürger – namentlich die Privilegierten, die Starken, die Gebildeten – nicht in die Pflicht für das Gemeinwohl nehmen, sondern ganz selbstverständlich ihre Chancen auf Macht und Wohlstand verfolgen, kann man von privaten Institutionen und deren Repräsentanten nichts anderes erwarten.

So steht zu befürchten, dass uns die nächste Rechtschreibreform diktiert: „pflicht" und „verantwortung" – klein geschrieben.

Das Muster in unserer Gesellschaft sieht so aus: Jeder möchte Chancen nutzen, aber keine Risiken tragen. Jeder reklamiert Rechte und nimmt sie auch ausgiebig in Anspruch, verleugnet aber die damit verbundenen Pflichten. Die Ehrgeizigen wollen Macht ausüben, aber nicht die Last der Verantwortung schultern.

Von jeder Münze wird nur die eine Seite angenommen, die Rückseite will man nicht wahr haben, ignoriert und verleugnet sie. So wie es aber physikalisch unmöglich ist, von einer Münze nur die Vorderseite in die Hand zu nehmen und die Rückseite fallen zu lassen, so ist es gesellschaftlich inakzeptabel, nur Chancen, Rechte und Macht in Anspruch zu nehmen, zugleich aber Risiken, Pflichten und Verantwortung von sich zu weisen. Ein Abweichen von dieser Maxime zerstört die Gesellschaft elementar.

Der Teich, in dem unser Fisch schwimmt, will gar kein Biotop mehr sein, sondern ein Säurebad. Kein Wunder, dass der arme Fisch zu stinken beginnt.

5.1.2 Valorismus

Neuer Wert ohne Inhalt

Eine häufig gehörte Grundkritik an unserer Gesellschaft behauptet, der Materialismus nehme zu stark Überhand über (wählen wir mal als Gegenbegriff:) den Idealismus. Dies in dem Sinne, dass überwiegend „harte" Kriterien das Handeln der Menschen bestimmen und sich Erfolg mehr und mehr materiell, also letztlich in Geld bewertbar, manifestiert. „Weiche" Argumente, die der Gemeinschaft dienen, klassische Tugenden kultivieren („Üb' immer Treu' und Redlichkeit") oder der Pflege menschlicher Beziehungen dienen, bleiben da leicht außen vor. Bei aller Liebe – man hört es doch lieber in der Kasse klingeln.

Kann eine solche schleichende Umweltveränderung das Stinken unseres Fisches auslösen? Kann ein Wertewandel in der Gesellschaft die Funktionalität großer hierarchischer Systeme und letztlich die Effektivität von Management untergraben?

Wenn wir von der gesellschaftlichen Ebene auf eine Einzelperson wie unseren Curt herunterschauen, so hat dieser ständig Entscheidungen zwischen Polen seines Wertesystems zu treffen:

- Drängt er sich vor oder macht er anderen Platz?
- Läuft nur sein TV-Programm oder sieht er auch, was andere interessiert?
- Sind nur seine Ideen interessant oder auch die der Kollegen?
- Würde er in seiner Eile auf jemanden treten, der am Boden liegt, oder würde er ihm auf die Beine helfen?
- Handelt er egoistisch oder altruistisch?

Das Spannungsfeld zwischen Egoismus und Altruismus mag philosophische Bibliotheken füllen. Uns interessiert die praktische Wirkung auf vitalste Lebensbereiche. Und diese Wirkung könnte immens sein.

So ist doch der real existierende Sozialismus mit seiner Vorstellung gescheitert, das primäre (im Extrem: ausschließliche) Engagement des Einzelnen für das Wohl der Gemeinschaft, auch verkörpert durch das Gemeinschafts-Eigentum, generiere ein so hohes Wohlfahrts-/Wohlstandsniveau, dass es letztlich auch dem Einzelnen bestmögliche Verhältnisse ermögliche. Der historisch manifeste Niedergang jener Gesellschaftsformen, in denen diese Ausprägung von (zumindest vordergründigem) kollektivem Altruismus gelebt werden sollte, lehrt uns, dass die Menschen aus diesen hehren Werten keine ausreichende Motivation gezogen haben.

Der Kapitalismus behauptet dagegen, das egoistisch motivierte Streben jedes Einzelnen nach persönlichem Wohlstand schaffe so viele Werte, dass auch die Gemeinschaft/Wohlfahrt daraus hinreichend Nutzen ziehen könne. Dem Augenschein nach funktioniert dies bedeutend besser. Ist der Egoismus demnach ein entscheidender Erfolgsfaktor für den Einzelnen und das Gemeinwesen? Oder ist in der Welt des Kapitalismus das Tempo des Scheiterns nur geringer?

Das klassische Muster (oder auch Zerrbild) für überzogenen Egoismus im Wirtschaftsleben ist der profitsüchtige Unternehmer, der Gewinnmaximierung derart exzessiv betreibt, dass sein Umfeld unter den Folgen seines Tuns zu leiden hat. Diese Figur bedient den Begriff des Egoismus wohlgemerkt nur, indem sie ihr Tun auf maximierten persönlichen Unternehmergewinn ausrichtet, der sich in einem maximierten Privatvermögen niederschlägt.

Wenn wir nun wieder auf unseren Curt schauen, der als Manager in einem Großunternehmen agiert, so passt das vorstehende Bild auf ihn nicht. Sein konkretes Handeln im beruflichen Alltag führt keineswegs unmittelbar zu einer Anreicherung seines Privatvermögens. Allenfalls bestehen mittelbare und zeitlich verzögerte kausale Zusammenhänge zwischen Curts Agieren als Manager und seinem Gehaltskonto. Konkrete Managemententscheidungen oder Führungsverhalten lassen sich also nicht so eindeutig auf Egoismus zurückführen wie im Falle des gewinnmaximierenden Einzelunternehmers.

Um Curts Verhaltensstrategie zu erklären, kann ein Blick auf das Zielsystem seines Unternehmens helfen, an dem sich sein Handeln schließlich orientieren soll. Dort ist typischerweise von Wertsteigerung die Rede, also auch von Gewinnstreben im weiteren Sinne. Und doch finden wir hier nicht mehr den elementaren kapitalistischen Grundsatz „Ein jeder strebe nach *seinem* Gewinn" wie bei unserem extrem gezeichneten Einzelunternehmer.

Als Entscheider in einem Großunternehmen ist Curt eben gerade nicht aufgerufen, sich konsequent egoistisch zu verhalten, sonst müsste er dies auch gegenüber seinen Kollegen im Unternehmen sein. Altruistisch darf seine Haltung jedoch auch nicht sein, sonst könnte er ja die Unternehmensleistung verschenken. Das Management wird geleitet von Wertkategorien, die sich in Begriffen bekunden wie *Unternehmenswert, Shareholder Value, Börsenwert* u. a. Sie sind allesamt abstrakter Natur und mit dem persönlichen Vermögenszuwachs von Managern wie Curt keineswegs identisch.

Neben dem altbekannten individuellen Egoismus macht sich da offenbar gerade in Kapitalgesellschaften eine neuartige Werthaltung dynamisch breit. Sie richtet sich nicht primär auf individuellen Vorteil, sondern auf eine kollektive und abstrakte Wertkategorie, die konstitutionell verbindlich vorgegeben ist. Nennen wir diese Werthaltung „Valorismus", um ein Spannungsfeld zu zeichnen, in dem die klassischen Werte nicht mehr allein sind:

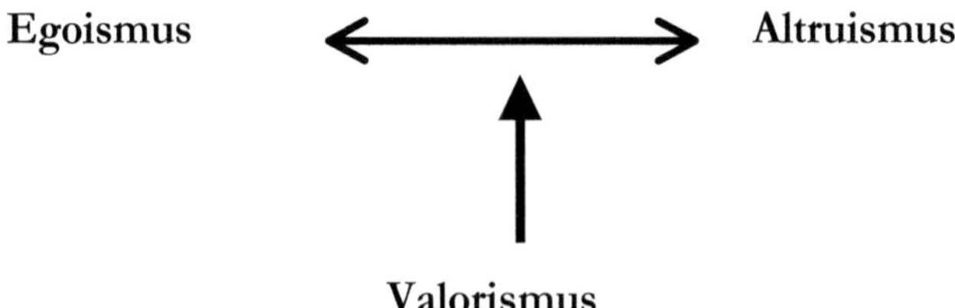

Übrigens dürften verbliebene Alt- oder ambitionierte Neo-Sozialisten bei dem Wort „kollektiv" aufhorchen. Ist es denkbar, dass sich in großen hierarchischen Systemen, auch wenn sie gewinnorientiert sind, Mechanismen etablieren, die man bis dato für typisch sozialistisch hielt? Funktionieren Unternehmensleitlinien in letzter Konsequenz wie die Beschlüsse des X. Parteitages der KPdSU? Verhalten sich Manager, die auf ein abstraktes Unternehmensziel verpflichtet werden, irgendwann wie Funktionäre, die auf eine politische Utopie eingeschworen werden? [4]

Wie gegen Egoismus ist der Valorismus auch gegen den Materialismus abzugrenzen. Letzterer richtet sich auf Werte, die individuell konkret erfahrbar und – auch im engeren Sinne des Wortes – be-greif-bar sind, eben wie Materie. Der Materialist zielt auf Werte, aus denen er persönlich Nutzen, Genuss, Ansehen oder Ähnliches ziehen kann. Der Valorismus bleibt für Manager wie Curt abstrakt und manifestiert sich in einer Zielgröße (z. B. dem Konzerngewinn), von der Curt zunächst nichts hat. Dennoch soll diese abstrakte Zielgröße Curts Streben Sinn verleihen.

Sinn? Die Kulturgeschichte ist voll von Versuchen, den Sinn menschlichen Lebens zu finden und daraus Normen für die Gestaltung dieses Lebens abzuleiten. Da gibt es diesseitige und jenseitige Vorstellungen. Der eine meint, sein Leben jetzt und hier mit Sinn füllen zu können, der andere hofft auf die ewige Erlösung nach dem irdischen Tod. Da sucht man den Sinn in sich selbst, im lieben Nächsten oder in fernen Paradiesen. Der eine möchte in aller Stille nur auf sich selbst bezogen sein, ein anderer vor allen als guter Mensch dastehen und ein dritter einfach nur groß sein, egal auf welcher Skala.

Die Vorstellung allerdings, der Sinn eines Menschenlebens könne in der temporären Steigerung eines Aktienkurses liegen, darf neben dieser bunten Palette der Sinn-Konzepte als besonders kurios gelten –

4 An dieser Stelle sei dies nur ein kleiner Exkurs; das Buch „DDRisierung als Ergebnis übersteigerten marktwirtschaftlichen Ehrgeizes" ist noch zu schreiben.

fällt die Vorstellung doch schwer, dass ein Manager, der mit den Füßen voran aus einer Führungsetage getragen wird, in dem folgenden Quartalsabschluss seines Unternehmens noch wahre Erfüllung findet. Zumal dann, wenn sein ggf. frühzeitiges Ableben kausal in seinem aufopfernden Wirken für eben diesen Abschluss begründet ist.

Dennoch verhalten sich viele Manager so, als stiftete der Valorismus ihrem Leben Sinn und Inhalt. Das erinnert ein wenig an das biblische „Goldene Kalb". Da wusste auch niemand, was es ist, woher es kommt und wozu es dient. Aber in Ermangelung solider Werte kann man es ja mal in die Mitte stellen und anbeten.

Wir stehen vor dem Phänomen, dass ein materialistischer Wertewandel der Gesellschaft sich in abstrakter Form als Handlungsmaxime in den Führungsetagen der Wirtschaft niederschlägt. Wenn es richtig ist, dass der Valorismus die maßgebliche Wertkategorie der führenden Köpfe der Wirtschaft ist, dann kann er auch als Erklärungsvariable für einige der Phänomene dienen, die wir bis hierher betrachtet haben. Wer sich an einer Wertvorstellung orientiert, die keine für ihn reale Entsprechung hat, handelt zwangsläufig sinnlos und tappt ins Leere.

Man spürt dies zuerst am Stinken des Fisches vom Kopf, dann an der Schwächung des ganzen Körpers.

5.1.3 Immunversagen

Politik als negatives Vorbild

Wenn wir an dieser Stelle noch ein Fünkchen Hoffnung brennen lassen wollen, so könnten wir das gesellschaftliche Umfeld hilfsweise wie einen infektiösen Körper betrachten. Solch ein Körper könnte ein starkes Immunsystem besitzen oder entwickeln.

Wenn unsere Gesellschaft ein solches Immunsystem hat, so muss es im Wesen der Demokratie liegen – etwa im Sinne einer Selbstreinigungskraft. Fehlentwicklungen müssten den Willen zur Reform hervorrufen und dieser Wille müsste sich in konkreter Politik niederschlagen.

Da unsere pathologischen Befunde nicht neu sind, sondern wir vielmehr auf eine zumindest Jahrzehnte lange Krankheitsgeschichte zurückblicken, wären bei einem funktionsfähigen demokratischen Immunsystem erkennbare Reformansätze zu erwarten, auf den Boden der Gesundung zurückzukehren.

Bereits in den 60er Jahren des vorigen Jahrhunderts hat ein deutscher Bundeskanzler Selbstbeschränkung der Bürger eingefordert („Maß halten!"). Die Wegwerfgesellschaft war die Antwort. In den 80er Jahren trat ein anderer Kanzler mit dem hehren Versprechen an, eine geistig moralische Wende einleiten zu wollen. Wenn man von einigen Verletzungen des Gesetzes zur Parteienfinanzierung absieht, haben sich auch da wenige Werte gewandelt. Immerhin wurde das Problem in Ansätzen erkannt.

Die Wirkung eines Immunsystems kommt aus seinen Antikörpern, die die schädlichen Erreger bekämpfen. Ins gesellschaftliche Bild übertragen, käme diese Aufgabe den Trägern der politischen Willensbildung zu: den Volksvertretern, den Politikern und den Parteien, aus denen sie sich entwickeln. Aus dieser „„„„Elite"""" (da kann man gar nicht genug Anführungszeichen setzen) muss die Selbstreinigungskraft erwachsen.

- Der ideale Politiker würde vorausschauend gestalten im Interesse einer menschenwürdigen Gesellschaft. Wie gesagt, das ist sehr idealistisch.
- Systemerhaltend könnte immerhin noch der instinktsichere Opportunist sein, der aufkommenden Handlungsbedarf (ggf. am Stimmungswandel in der Bevölkerung) erkennt und zeitnah in Reformvorschläge umsetzt. Dies ist die Kaste der erfolgreichen Realpolitiker.
- Daneben delektiert sich an der Macht die Masse jener Pseudo-Politiker, die Fehlentwicklungen erst dann erkennen wollen,

> wenn Schäden längst nicht mehr vermeidbar sind. Typische Verhaltensweisen dieser Gruppe bestehen darin, niemals unpopuläre Wahrheiten auszusprechen und Reformen erst dann einzuleiten, wenn Volkes Stimme sie dazu faktisch zwingt.

Letztlich wissen es alle, Wähler und Nichtwähler: Von der politischen Klasse im Lande geht keinerlei Orientierung aus.

Doch die Energie der Politiker findet natürlich ein Ventil. Es ist das Streben nach Macht, die Befriedigung von Eitelkeit und (fast möchte ich sagen: natürlich) ausgeprägter Erwerbssinn. Unendlich lang erscheint die Liste mit Amtsträgern, die sich in einem Zusammenspiel von Dreistigkeit und Dummheit Vorteile verschaffen, die ihnen nicht zustehen, dem Schwager öffentliche Aufträge zuschustern, der Partnerin einen hochbezahlten Job zuschanzen, letztlich noch mit der Luftwaffe in den Wochenendurlaub fliegen oder mit Dienstwagen nebst Chauffeur im Spanienurlaub herumfahren. Die Erkenntnis ehemaliger Idealisten, auch aus Hausbesetzern würden irgendwann Hausbesitzer, ist kennzeichnend für eine politische Kultur, deren Werte konsumierbar sind.

Der Eigennutz findet seine Übersteigerung in der Korruption. Auch hier lässt sich die politische Klasse häufig überführen, etwa wenn sie sich allzu bereitwillig in den Dienst von Lobbygruppen stellt. Besondere Voraussicht beweisen jene Politiker, die nach dem Verlust ihres öffentlichen Amtes in die Dienste eben jener Konzerne treten, denen sie eben noch kraft politischen Mandates den Weg bereitet haben. Wenn dann politische Grundpositionen als Gegenleistung für finanzierte Bordellbesuche aufgegeben werden, ist die Glaubwürdigkeit von Politikern endgültig beim Teufel.

Zusammenfassend sehe ich den Faktor „Politik“ gänzlich außerstande, im Sinne eines Immunsystems als Korrektiv für die Gesundung der Gesellschaft zu kämpfen, wenn in ihrer Mitte krankhafte Verformungen erkennbar werden. Die aktiven Politiker taugen in ihrer Mehrheit nicht einmal als Vorbilder für die Bürger. Im Gegenteil: Die erfolgreichsten Zyniker setzen sich souverän an die Spitze der Fehlentwicklung.

Daran ändern auch Medien nichts, die gern mal lautstark Auswüchse beklagen – allerdings nur, wenn dadurch die Auflage oder die Zuschauerquote steigt.

Unser Fisch braucht also auf die heilsame Wirkung eines Immunsystems nicht zu hoffen. Eher multiplizieren sich die Zerfallserscheinungen.

5.2 Dystrophie

Ernährungsstörung, Fehlernährung

Betrachten wir einen weiteren möglichen Auslöser: Wie müsste ein Futter beschaffen sein, das unseren Fisch zum Stinken bringt? Es müsste wohl irgendwelche Keime in den Körper einschleppen, die dort aufgehen und den Organismus krank machen. Demnach ist zu untersuchen, welche Art von Futter unser Fisch in sich aufnimmt und wie daraus ein pathologischer Verlauf entstehen kann.

Wie ernährt sich denn ein Großunternehmen? An dieser Stelle könnten nun klassische Produktionsfaktoren oder das Verhältnis von Arbeit und Kapital reflektiert werden. Wir können aber auch geradewegs auf jenen Faktor zugehen, von dem (nicht nur in Sonntagsreden) immer wieder gern gesagt wird, er sei der wichtigste von allen: die Leistungsfähigkeit der Mitarbeiter; konkreter noch: das, was sie im Kopf haben.

Ein gern verwendeter Begriff in diesem Zusammenhang ist „Humankapital“. Der Klang dieses Wortes scheint uns zunächst nur suggerieren zu wollen, Kapital sei etwas Humanes. Das wäre falsch: Kapital ist moralisch wertfrei. Immerhin, man kann es zu humanen Zwecken einsetzen.

Beim zweiten Hinhören will uns das Wort allerdings etwas ganz anderes sagen: Menschen und ihre Leistungsfähigkeit (ihr Potenzial) sind eine Form von Kapital. Das kann allerdings schon deswegen nicht sein, weil der Mensch – im Gegensatz zum Kapital – moralisch wertbehaftet ist.

Mir fällt auch keine Religion ein, die uns überliefert, der Schöpfer habe eine Finanzierung zustande gebracht, um in das „Projekt Mensch" zu investieren.

Der Begriff „Humankapital" ist also gefährlich. Er soll uns glauben machen, in Menschen könne man nicht nur investieren, sondern sie auch einfach abschreiben – bis zum getilgten Buchwert.

Ziehen wir die oberen und mittleren Führungskräfte in den Fokus: Worin wurzeln ihre Fähigkeiten und Einstellungen? Überwiegend werden diese Führungskräfte heutzutage vor dem Erwerb ihrer professionellen Erfahrung in den Genuss einer akademischen Ausbildung gekommen sein, als maßgebliche Grundlage für das Verständnis vom Funktionieren der Wirtschaft, vom Wesen eines Unternehmens und der Rolle von Managern. Der Geist, der durch die Säle und Flure der wirtschaftswissenschaftlichen Fakultäten weht, verkörpert sich in der Denk- und Handlungsweise ihrer Absolventen, dem Nachwuchspotenzial für das Management.

Sie ahnen es schon: Dies dürfte das maßgebliche „Futter" sein, dessen Wirkung wir daraufhin untersuchen sollten, inwieweit es verdorben (oder kontaminiert) ist.

5.2.1 Scheuklappen

Reduzierung auf einzelwirtschaftliche Betrachtung

Während die Volkswirte dem Augenschein nach noch um eine Einsicht ringen, die bei den Meteorologen schon angekommen ist (nämlich, dass man sich bei der Prognose komplexer und chaotisch verlaufender Prozesse auf das kurzfristig Beobachtbare konzentrieren sollte), haben die Betriebswirte es scheinbar einfacher: Sie haben traditionell ihr klar abgegrenztes Erkenntnisobjekt – das Unternehmen.

In dieser einzelwirtschaftlichen Betrachtung liegt allerdings auch die Gefahr der Einengung des Blickwinkels unter Verzicht auf Komplexität. Der Betriebswirt bezieht typischerweise über sein eigentliches Erkenntnisobjekt hinaus das Umfeld nur insoweit in seine Überlegungen ein, als er die Beziehungen zwischen Unternehmen und Umfeld mit dem Ziel untersucht, das Unternehmen erfolgreicher zu machen. Somit sprengen Wirkungen, die das einzelwirtschaftliche Objekt auf sein komplexes Umfeld und dessen Entwicklung hat, den Rahmen der Betrachtung.

Schauen wir auf Curt: Welche Rolle spielt die Welt außerhalb seines Unternehmens in seinem Denken?

- Er muss alle Trends in seinen Absatzmärkten erkennen: Veränderungen bei den Bedürfnissen, der Zahlungsfähigkeit, Einflüsse des Zeitgeistes, Entstehung neuer Zielgruppen u. a. m., aber auch das Auftreten neuer Konkurrenten oder von Substitutionsprodukten, die Curts Umsatzträgern den Markt wegnehmen.
- Auch die Beschaffungsmärkte wollen durchdrungen sein: Werden Rohstoffe und Vorleistungen knapp, von denen Curts Produktion abhängt? Und erst recht die Energie: Kauft er direkt bei den Russen?
- Die Transportwege: Wo kommt eine Maut oder zahlt Curt teures Kerosin? Lauern Piraten auf seine Container?
- Woran entscheidet Curt die Standortfrage? Solide im Ländle (wo Curt verwurzelt ist), modisch nach Osteuropa (wo Curt ohne Wurzeln ist) oder mutig in ein Schwellenland (wo Curt ohne Orientierung ist)? Übrigens sind Schwellen das, worüber Menschen am häufigsten stolpern.
- Auch Naturwissenschaft und Technik wollen beobachtet sein: Gibt es neue und erfolgfördernde Verfahren oder Materialien; braucht man Nano- oder Weltraumtechnik? Wie soll Curt einschätzen, was nur Experten verstehen?

- Ändert der Gesetzgeber die Bedingungen? Welche Strömungen werden zu konkreter Politik? Welchen Einfluss haben die Parteien, die Curt nie wählen würde? Arbeitet die eigene Lobby effektiv?
- ... und das alles im globalen Rahmen!

Diese Fülle von Problemen in aller Welt lässt dem Praktiker den Kopf schwirren und bietet auch der Wissenschaft mehr als genug Raum für vorzeigbare Studien. Warum sollten Forschung und Lehre dann noch Licht in jenes Dunkel tragen, in welches die Manager nicht schauen können oder wollen? Die Fragestellung, welche Wirkung das Handeln von Unternehmen auf die übrige Welt hat und ob diese ggf. schädigende Wirkung auf die Unternehmen zurückschlagen kann, ist der Wirtschaft bisher nur peinlich. Da wäre es für die Wissenschaft doch unsinnig, über die traditionell einzelwirtschaftliche Betrachtung hinauszugehen, ein Unternehmen unter den Wechselwirkungen eines umfassenderen Systems zu betrachten und so die Geber von Fördergeldern zu irritieren.

Das ist allerdings so, als lehrte man Botanik, ohne die Zoologie zur Kenntnis zu nehmen, weil aussterbende Tierarten zu viel Irritation auslösen könnten.

Wie solche Verengungen des Blickfeldes sich praktisch auswirken, kann man fast täglich in der Zeitung lesen:

- Man entlässt Mitarbeiter, ohne darüber nachzudenken, dass die entsprechenden Personalkosten keineswegs eingespart, sondern lediglich verlagert werden.
- Man spricht von der Entsorgung von Lasten (wie z. B. Schadstoffen, Abfällen), obgleich die Sorgen keineswegs verschwinden und eine räumliche Verbringung („Aus den Augen, aus dem Sinn“) die Zerstörung auch des eigenen Lebensraumes nur verzögert.
- Man tritt in fremden Kulturen mit neokolonialistischer Be-

denkenlosigkeit auf und korrumpiert rücksichtslos, ohne zu erkennen, dass man damit die eigene Kultur unglaubwürdig macht.

Letztlich handelt die aktive Generation von Betriebswirten so, als wäre einzig die Optimierung in der einzelwirtschaftlichen Betrachtung relevant. Die Erkenntnis, dass ein blühender Ast an einem verdorrenden Baum keine Zukunft hat, ist nur Gegenstand karrierebewahrender Verdrängungsprozesse des Einzelnen.

5.2.2 Glaskugeln
Vorgetäuschte Wissenschaftlichkeit

Schaue ich mir an, womit man als Wirtschaftswissenschaftler Aufmerksamkeit erringen kann, so fällt mir – abgesehen von der sinntreuen Übersetzung amerikanischer Veröffentlichungen – vor allem ein Thema ins Auge: Wer im Trend liegen will, theoretisiert über den Kapitalmarkt.

Der besonderen Gewichtung dieses Themas wohnt etwas grundlegend Ideologisches inne. Schließlich vereinigen sich hier die zentralen Begriffe von „Kapitalismus“ und „Marktwirtschaft“. Wo sonst könnte man den Puls unseres wirtschaftlichen und gesellschaftlichen Systems spüren? Wo sonst ließe sich unser Gemeinwesen in seinem Innersten verstehen? Eine konsistente Kapitalmarkttheorie kann wie eine Glaskugel wirken: Wer hineinschaut, glaubt, er verstehe die Welt.

Dabei ist diese Glaskugel mehr als doppelbödig. Wenn man einen Markt überschauen will, schaut man am besten auf den Marktplatz: Das ist hier die Börse.

Die Wertpapierbörse an sich ist ein sozio-technisches System. Das ist besonders deshalb interessant, weil auch die gehandelten Güter, Forderungen gegen oder Anteile an Unternehmen, Bezug auf andere sozio-technische Systeme nehmen. Das klingt so theoretisch, dass wir genauer hinsehen sollten.

Ein Unternehmen, dessen Anteile (oder Schuldtitel) gehandelt werden, ist ein System, das zum einen aus einer technischen Sphäre (Gebäude, Anlagen, Maschinen, Lagerbestände, aber auch Verfahren, Patente u. a.) und zum anderen aus einer sozialen Sphäre besteht, das sind die beteiligten Menschen (Management, Belegschaft, Außenbeziehungen) als Individuen und als Gruppe. Beide Sphären durchdringen einander auf vielfältige Weise.

Dabei ist die technische Sphäre dasjenige Feld, auf dem sich metrische Maße und exakte Verfahren anwenden lassen. Es ist jener Bereich, in dem Natur- und Ingenieurwissenschaften Exaktheit und Nachprüfbarkeit gewährleisten. Für Menschen, die analysieren und bewerten wollen (z. B. auch für die Wertfindung an der Börse), ist dies ein Feld steter Freude: Man kann viel rechnen, Statistiken aufstellen, Tabellen und Schaubilder aufmalen, sogar Trends extrapolieren. Theoretisch könnte man bei Vorliegen aller relevanten Daten und Anwendung geeigneter Verfahren sogar aussagefähige Analysen erhalten. Zumindest lässt sich im Nachhinein präzise derjenige Parameter benennen, dessen Abweichung von den gemachten Annahmen die Analyse in den Papierkorb gekippt hat.

Die soziologische Sphäre ist von ganz anderer Art: es menschelt. So sehr Psychologen sich bemühen mögen, für das Verhalten von Menschen kann die eben zitierte Exaktheit in der Analyse nicht gelten. Managern, Mitarbeitern, Kunden kann der Analyst eben nicht in den Kopf schauen (nein, auch Curt nicht). Damit ist eine präzise Datenbasis für verlässliche Analysen oder gar Extrapolationen in die Zukunft nicht gegeben. Genau das aber sucht und braucht der (Börsen-)Analyst. Seine Arbeit zielt auf eine Aussage über einen Wert, wie er metrischer nicht sein kann: einen Kurs, der sich in harter Währung ausdrücken lässt.

Damit gleicht die Bewertung eines Unternehmens immer der Vermischung von Feuer und Wasser. Das Berechenbare begegnet dem

Wandelbaren, Fakten werden mit Befindlichkeiten verknüpft und technische Potenziale korrespondieren mit menschlichen Interessen. Die Genauigkeit verbindet sich mit dem Schein. Das Ergebnis ist Scheingenauigkeit.

Das Konglomerat dieser Einflüsse gerät nun an die Börse und damit in ein Gebilde, für das strukturell die gleichen Bedingungen gelten. Die Börse ist zum einen ein Apparat mit klaren Regeln, gewachsenen Institutionen und strukturierten Abläufen. Voller Ehrfurcht vor der Macht der Ökonomie meint mancher gar, an diesem Ort werde Wahrheit generiert.

Doch auch hier wirkt das ewig Menschliche und zwar häufig sogar gepaart mit extremem Ehrgeiz und höchster emotionaler Anspannung. Es geht schließlich ständig um eine Menge Geld, jenen Stoff, der nebenbei bemerkt am intensivsten den menschlichen Charakter verdirbt. Wo könnten in der modernen Welt die Leidenschaften höher schlagen, wo die Glut menschlicher Empfindungen heißer brennen und wo die Illusion einer streng rational definierten Wertfindung radikaler den Bach runtergehen?

Wie auf einem Spielbrett gruppieren sich zwei Typen von Mitspielern: die Optimisten und die Pessimisten, metaphorisch dargestellt als Bullen und Bären. Dies geschieht wohlgemerkt nicht nur in einem Raum globaler Befindlichkeiten, sondern konkret am Handelsplatz für jedes einzelne börsengängige Gut, also auch für die Anteile jedes börsennotierten Unternehmens. Neben dem eigentlichen Tatbestand Unternehmen wuchern dabei die Fantasien der Marktteilnehmer, je nachdem, welche Informationen aus diversen technischen und sozialen Sphären sie aufgenommen und wie sie diese Informationen verarbeitet haben. Letztlich begegnen sich subjektive Einschätzungen, die nur noch ein Derivat der Realität sind. Die Leistung der Börse besteht darin, die Irrtümer der Optimisten gegen die Irrtümer der Pessimisten aufzurechnen und das arithmetische Ergebnis mit der Chuzpe des Orakels von Delphi als der Weisheit letzten Schluss zu verkünden.

Letztlich arbeitet die Börse also genauso unintelligent wie ein Computer. Sie verarbeitet hocheffektiv und methodisch präzise eine gigantische Menge von Informationen, von denen allerdings kein Operateur wissen kann, welche Qualität und Bedeutung sie haben.

Wohlgemerkt: Wir betrachten hier jenes Erkenntnisfeld, auf dem Wissenschaftler glauben, systemerhellende Erklärungen, zukunftsweisende Prognosen und sinnstiftende Handlungsempfehlungen finden zu können. Doch auf diesem Feld kann man nur erforschen, wie verrückt die Welt ist, nicht was sie im Innersten zusammenhält. Ach ja, und hier definiert sich auch jener Wert, von dem die akademisch ausgebildeten Manager meinen, er sei das Ziel allen Strebens: der Shareholder Value.

Irgendwie peinlich.

Von der Antike bis ins Mittelalter haben Feldherren ihre Entscheidungen von Orakeln abhängig gemacht. Die moderne Wissenschaft als Gestalterin der Denkschemata der Wirtschaft ist darüber nicht wirklich hinausgekommen.

Die Vertreter von Forschung und Lehre werden sich gegen diese meine Behauptung gewiss wehren. Dennoch: Die kritiklose Orientierung am Kapitalmarkt und der ungehemmte Glaube an dessen Funktionalität kann nur Führungskräften zueigen sein, denen die Eindimensionalität dieses Ansatzes in ihrer Ausbildung eingeimpft worden ist.

Hier liegt die Verantwortung der Universitäten: Sie liefern dieses Trockenfutter.

5.2.3 Flachbohrer

Auftragsgerechte Eindimensionalität

Dem eigenen Anspruch gemäß muss Wissenschaft unabhängig von tages- und machtpolitischen Opportunitäten nach Erkenntnis streben und beste Qualität lehren. Da wäre an den brennendsten Fragen unseres Gemeinwesens ein enthusiastisches Ringen der Ordinarien zu erwarten, mehr Licht in die Köpfe zu tragen. Eine deutliche Kompetenzsteigerung beim akademischen Führungsnachwuchs müsste erkennbar werden ...

Wie verändern sich nun die Ausbildungskonzepte? Werden die Studiengänge inhaltsreicher und anspruchsvoller? Hat nur noch derjenige eine Chance, der die Fähigkeit zu eigenständigem wissenschaftlichem Arbeiten nachgewiesen hat?

Mitnichten; es geschieht etwas ganz anderes. Dem anglizierenden Trend folgend kreiert man unterhalb des „Master" (das ist wohl einer, der es meisterlich versteht) den „Bachelor"; das heißt eigentlich „Junggeselle", ist hier vielleicht auch im Sinne von „Pubertierender" zu verstehen.

Die Entwicklung an den Universitäten geht – den Vorgaben der Wirtschaft folgend – nicht zur Vertiefung der Ausbildung, sondern zu ihrer Komprimierung und Verflachung. Verglichen mit einem Steak bekommt man immer seltener „well done" (auch im Sinne von „gut gemacht") auf den Tisch, sondern häufiger „medium" (halbgebraten) oder am besten gleich „englisch" (nur mal fix angebraten).

Warum eigentlich fordert die Wirtschaft diese Entwicklung? Wenn die klassische wissenschaftliche Ausbildung vertieft würde, bekäme die Praxis klügere Köpfe. Kluge Köpfe denken aus eigenem Antrieb nach, schauen hinter die Dinge, stellen in Frage, erkennen Zusammenhänge und am Ende gar Auswirkungen. Das ist offenkundig nicht gewollt.

Gefordert wird dagegen ein Nachwuchs, der schnell fertig ist – mit der Ausbildung und mit dem Denken. Hohe Effizienz ist gefordert. Nachwuchsmanager sollen – forsch ins kalte Wasser geworfen – schnell Wertzuwächse liefern. Das wird durch starke Anpassung an das System (getarnt als „Praxisorientierung") gewährleistet.

Das ist es also: Funktionieren statt Reflektieren.

Die Funktionalität schnellen operativen Handelns innerhalb eines bestehenden Denkrahmens (ohne diesen in Frage zu stellen) erringt das Primat gegenüber der Kompetenz des kritischen Denkens. Der Nachwuchs ist darauf trainiert, mit Tunnelblick unter hoher Geschwindigkeit in Einbahnstraßen zu rasen.

Dabei sind derartige Gleichrichtungsprozesse als gefährlich bekannt. Doch niemand mag erkennen, dass es keinen signifikanten intellektuellen Unterschied macht, ob jemand ideologisch gleichgerichtet für Führer, Volk und Vaterland in einen militärischen Krieg oder für Chief Operating Officer, Shareholder Value und Corporate Identity in einen ökonomischen Krieg zieht. Blind gezüchtete Funktionierer hinterlassen stets verbrannte Erde.

Und warum macht der Wissenschaftsbetrieb das mit? Ist die Wirtschaft ein Kunde der Universitäten, der bestellt und die Absolventen abkaufen muss? Viele sehen es offenbar so und werden von einer ideologiegläubigen Politik unterstützt. Andere mögen nur vom Glanz des materiellen Erfolges geblendet sein. Dem Augenschein nach steigt der Respekt der Theoretiker (die verstehen, wie es geht) vor den Praktikern (die tun es) in der Wirtschaft stärker als umgekehrt. Am Ende des Prozesses verstehen die Handelnden dann nicht mehr, was sie tun.

Nur so lässt sich erklären, dass, entgegen der erkenntnisfördernden Entwicklung in anderen Fakultäten, die Ökonomie sich der ideologisch gefärbten Stromlinienförmigkeit und Verflachung ausliefert.

Hier liegt ein klarer Indikator dafür, dass das Stinken unseres Fisches durch sein Futter eher gefördert als verhindert wird. Der Fisch bekommt immer weniger ausgewogene, nährstoffreiche Kost, die ihn widerstandsfähig macht, stattdessen den immer gleichen Einheitsbrei in Übermengen.

5.3 Prädisposition

Veranlagung, Vorbestimmung

Die Neigung des Fisches, mit dem Stinken zu beginnen, könnte auch in seiner Wesensart verankert sein, ihm quasi als fatales Ende vorbestimmt. Ursächlich könnte dies mit einem Fehler in seiner Genetik zusammenhängen, dem Bauplan organischen Lebens.

Bezogen auf unser Thema, der Entwicklung von Großunternehmen, kann es aber nicht darum gehen, den Bauplan des einzelnen Unternehmens zu untersuchen. Es wäre allzu vordergründig, den Ansatz zur Selbstzerstörung in der individuellen Verfassung zu suchen, im Gesellschaftsvertrag etwa oder in den Unternehmensrichtlinien.

Wenn wir nach einem Massenphänomen forschen, so muss dieses grundsätzlicher verankert sein. Ein solcher allgemeingültiger Kodex ist der gesetzliche Rahmen, den die Gesellschaft den Unternehmen gibt. Auch hier brauchen wir nicht in der Tiefe von Spezialgesetzen nach Einzelvorschriften zu graben, die destruktive Tendenzen auslösen können. Um Entwicklungen zu erklären, die das Gebäude erschüttern, müssen wir nach Rissen im Fundament schauen.

Ich rede von der Verfassung unseres Landes, dem Grundgesetz.

Dabei ist der Hinweis auf die Genetik nicht so zu verstehen, dass die Verfassung in sich fehlerhaft sein könnte und etwa fatale Entwicklungen auslöst. Im Gegenteil: Wenn die Verfassung als gesellschaftlicher Bauplan die geschichtliche Erfahrung sinnvoll bündelt und ein wertorientiertes, in Freiheit entwicklungsfähiges Gemeinwesen sichern soll, dann müssen wir nach Abweichungen von der Grundidee fahnden. Gesucht wird eine fehlerhafte Abweichung vom Plan: eine Mutation.

5.3.1 Mutation
Institutionalisierter Verfassungsbruch

An welcher Stelle des Regelwerkes könnte diese Mutation aufgetreten sein? Da wir zuletzt Wechselwirkungen zwischen Unternehmen und Umwelt betrachtet haben, ist es konsequent, in dieser Richtung weiterzudenken. Wir suchen nach der Abweichung von einer elementaren Regel, die das Verhältnis des Unternehmens zu der Gesellschaft beschreibt, in der es arbeitet.

Und da ist diese Regel: Es ist das Grundgesetz der Bundesrepublik Deutschland, Artikel 14 [Eigentum; Erbrecht; Enteignung].

(1) Das Eigentum und das Erbrecht werden gewährleistet. Inhalt und Schranken werden durch die Gesetze bestimmt.
(2) Eigentum verpflichtet. Sein Gebrauch soll zugleich dem Wohle der Allgemeinheit dienen.

Ziffer (1) beschreibt den Schutz des Staates zugunsten derer, die Inhaber von Teilen des Volksvermögens sind. Ziffer (2) jedoch spricht an, was uns beschäftigt: Die Verpflichtung derer, in deren Eigentum sich Vermögen befindet, gegenüber der Gemeinschaft, die dieses Vermögen schützt.

Wenn wir diese Regel auf jenen Teil der Gesellschaft anwenden, der uns interessiert, nämlich die Welt der Unternehmen, so ist im nächsten Schritt zu fragen, wen konkret diese Verpflichtung dort trifft und wie die Betreffenden damit umgehen.

Als die gern zitierten „Väter und Mütter des Grundgesetzes" den Artikel 14 formulierten, hatten sie mutmaßlich speziell zwei Gruppen vor Augen:

a) bedeutende Großunternehmen, die sich gerade in der jüngeren Vergangenheit zu Unterstützern der Kriegsmaschinerie hatten machen lassen (oder dabei sogar eine aktive Rolle gespielt hatten) und auf diesem Wege zur Vernichtung des Gemeinwesens maßgeblich beigetragen hatten
b) Gründungsunternehmer, auf die man setzte, um für die Zukunft ein neues, lebenswertes Gemeinwesen aufzubauen.

Beide Gruppen hatten konkrete Gesichter. Vertreter der ersten Gruppe konnte man sogar vor Gericht stellen. Der zweiten Gruppe hat man die Lebenschancen der kommenden Generationen anvertraut – mit rauschendem Erfolg, wie wir heute wissen.

Der Ansatz also war Erfolg versprechend. Was ist in der weiteren Folge schiefgelaufen? An welcher Stelle hat das Erbgut unserer Gesellschaft mutiert?

Werfen wir einen Blick in den Mikrokosmos der Unternehmen, auf die Funktionen, die dort wirken. Da es um die Verantwortung des Eigentums geht, liegt hier auch unser Untersuchungsobjekt. Dabei ist zu differenzieren nach den zur Verfügung stehenden Organisationsprinzipien, nach denen Eigentum an Unternehmen vorliegen kann: den Rechtsformen.

Der *Einzelunternehmer* entspricht wohl idealtypisch einer Person, auf die Artikel 14 anwendbar ist. Er steht für alles, was das Unternehmen betrifft, in der Regel mit seinem Namen, zeigt sein Gesicht und haftet persönlich. Ihn kann man am Portepeé packen und ganz individuell nach seiner Verantwortung fragen für alle Teile der Gesellschaft, die er berührt. Und wer sich in dieser Form persönlich mit seinem Tun identifiziert, verdient auch – zumindest als widerlegbare Vermutung – das Vertrauen, Verantwortungsgefühl zu entwickeln. Hier ist der Geist der Verfassung plastisch greifbar.

Ein wenig komplexer wird die Betrachtung bei *Personengesellschaften*. Immerhin teilen sich hier Rechte und Pflichten auf. Doch mit der gesellschaftlichen Verantwortung kann man es halten wie mit der rechtlichen Haftung. Wer Entscheidungen trifft (oder treffen darf), steht dafür gerade. Auch die persönlichen Gesellschafter haben als Eigentümer Namen und Gesichter. Sie können wie der Einzelunternehmer nach ihrer gesellschaftlichen Verantwortung gefragt werden und ein Verantwortungsgefühl in dieser Hinsicht auch empfinden. Also alles in Ordnung bis hierher.

Haftung ist Ausdruck von Verantwortung. Wer eine *„Gesellschaft mit beschränkter Haftung“* gründet, setzt sich demnach dem Verdacht aus, sich aus der Verantwortung stehlen zu wollen. So kann sich ein angestellter Geschäftsführer durchaus problemlos auf den Standpunkt stellen, nur aus seiner Anstellung heraus (wie irgendein Arbeitnehmer auch) verpflichtet zu sein und keine besondere gesellschaftliche Verantwortung zu tragen. Wenn er das so sehen möchte, darf er es, rein rechtlich, so sehen.

Nun mag der Gesetzgeber gute Gründe dafür haben, warum er nicht bei jeder Unternehmung die Initiatoren persönlich und im schlimmsten Fall mit ihrem gesamten Vermögen haften lassen will. Und ein geschäftsführender Gesellschafter einer GmbH zeigt sich als Eigentümer ja durchaus in seiner Person und kann von daher ein vergleichbares Verantwortungsgefühl entwickeln wie seine vorgenannten Unternehmerkollegen. Auch sind die übrigen Gesellschafter/Eigentümer in der Regel dem Unternehmen konkret verbunden und persönlich bekannt. Zudem erreichen nur wenige GmbHs eine Größe, in der sie weitreichende gesellschaftliche Bedeutung haben. Die GmbH ermöglicht dem Böswilligen in begrenztem Umfang die Flucht aus seiner Verantwortung, doch der Verfassungsbruch ist in ihr nicht immanent angelegt.

Doch die GmbH ist ja lediglich das Einstiegsmodell in die Welt der Kapitalgesellschaften, wo die Funktion des Gesellschafters nicht von Menschen mit Namen, Gesicht und einer Rolle im Gemeinwesen, sondern von einem Stück Kapital gespielt wird: leblos, geistlos, ohne Individualität und Bezug zum Gemeinwesen. Wo eben noch ein Mensch saß, hockt jetzt ein Geldsack.

Die in unserer Gesellschaft relevante Form der großen Kapitalgesellschaft ist dafür konzipiert, gigantische Mengen von Kapital aufzusammeln, in der Struktur ihrer Gesellschafter beweglich zu sein und sich dabei von den Grenzen ihres Ursprungslandes freimachen zu können. Sie soll und will „Big Player“ sein. Zwangsläufig erwächst daraus eine maßgebliche Wirkung auf das Gemeinwesen.

Der Name, den das deutsche Recht für diese Gesellschaftsform kennt, klingt technokratisch, formalistisch und blutleer, ist kaum geeignet, Interesse zu wecken an diesem Organismus: die *„Aktiengesellschaft“* (AG).

Anderswo ist man eher bereit, den Charakter dieser Gesellschaft anschaulich zu beschreiben. Am deutlichsten vielleicht im romanischen Sprachraum, z. B. im Französischen: *la Société Anonyme* – die Anonyme Gesellschaft !

Das also ist des Pudels Kern: eine Unternehmung, in der die Rolle des Eigentümers anonymisiert ist. Zwar gibt es Namensaktien und Aktienbücher, doch der Natur dieser Gesellschaft entspricht es, dass die Eigentümeridentität – namentlich bei den großen Publikumsgesellschaften – weit gesplittet ist, häufig geradezu pulverisiert. Zudem kann jeder täglich durch Aktienkauf Miteigentümer werden und diese Eigenschaft am nächsten Tag durch Verkauf wieder abgeben. So konstituiert sich eine Gesellschaft, die zwar materielle Werte und Rechte einbindet, nicht jedoch Personen – eine Gesellschaft der Anonymen eben.

Das muss seine Entsprechung im Selbstverständnis der Eigentümer, der Aktionäre also, haben. Ihre Beziehung zu dem Unternehmen, dessen Aktien sie im Depot haben, ist (vielleicht mit Ausnahme einiger romantischer Belegschaftsaktionäre) beliebig. Ihr Motiv zum Erwerb der Aktien ist rein renditeorientiert. Wer kauft schon Aktien, weil er sich für eine bestimmte Industrie ideell engagieren will? Sorgen sich die Aktionäre von Monsanto um die Speisung der Hungernden? Wollen die Aktionäre der Telecom, dass alle Menschen miteinander reden? Werden Aktien der Solarindustrie erworben, um den Klimawandel zu stoppen? Nein, Aktionäre wollen Geld sehen in Form von Kurssteigerungen und Dividenden.

Das ist auch gar nicht verwunderlich, geschweige denn verwerflich, denn mehr Rechte haben die Aktionäre ja nicht. Selbst wenn ein Aktionär Appetit auf Würstchen mit Brötchen hat und eine Hauptversammlung besucht, sein Einfluss auf die Entscheidungen des Unternehmens ist praktisch bei Null. Wer Spaß an Zynismus hat, kann als Aktionär einmal versuchen, gegen die Anträge des Vorstandes zu stimmen und anschließend beobachten, wieviele Stellen hinter dem Komma im Ergebnis ausgewiesen werden müssen, um seine Opposition sichtbar zu machen.

Die Fremdheit zwischen der AG und ihren anonymen Eigentümern wird durch den internationalen Aktienhandel noch verstärkt.

- Wie viele Aktienbesitzer wissen eigentlich genau, womit ihr Unternehmen seine Erträge erwirtschaftet?
- Wie viele könnten sagen, wo die Produktionsanlagen liegen oder wie viele Mitarbeiter beschäftigt sind?
- Welcher Aktionär kennt auch nur einen einzigen Menschen, der für das Unternehmen arbeitet, dessen Miteigentümer er ist?
- Kann man denn von einem amerikanischen Pensionär, der vor 10 Jahren eine europäische *Blue Chip*-Aktie erworben hat, erwarten, dass er sich um die Belegschaft der AG in Übersee Sorgen macht?
- Verschwendet der neureiche russische Oligarch einen Gedanken an die Umweltbilanz einer Anlage im Sauerland?
- Würde ein Scheich, der seine Petro-Dollars in Europa investiert hat, überhaupt die Frage verstehen, wenn man ihn auf das Wohl der Allgemeinheit anspricht?

Die vorstehenden Fragen sind bewusst rhetorisch und geleiten uns zu einem Zwischenfazit: Die AG als „Anonyme Gesellschaft" konstruiert eine Verantwortung der Eigentümer für das Wohl der Allgemeinheit allenfalls theoretisch. Faktisch haben die Eigentümer weder Interesse noch Möglichkeit, ihre Verantwortung wahrzunehmen – Letzteres übrigens im doppelten Sinne des Wortes.

Aber vielleicht liegt die Verantwortung ja anderswo in guten Händen, z. B. bei den Mitgliedern des Aufsichtsrates. Dieser vertritt ausdrücklich die Aktionäre, also die Eigentümer und deren (mutmaßliche) Interessen. Und damit befinden wir uns bereits in einer Sackgasse, denn wie oben beschrieben, richten sich die Interessen der Aktionäre primär oder ausschließlich auf das Monetäre. Da die Aufsichtsräte sich als Interessenvertreter begreifen müssen, beißt sich die Katze damit in den Schwanz. Im Übrigen haben die in einen Aufsichtsrat gewählten Mitglieder (auch die Vertreter der Belegschaft) kein politisches Mandat. Wie sollten sie dann aus ihrer Stellung eine Verantwortung für ein nicht konkret definiertes Gemeinwohl ableiten und dieses mit Inhalt füllen?

Aber die eigentlich strategisch und operativ tätigen Entscheider sitzen ja auch woanders: im Vorstand der AG. Die Vorstände treffen die maßgeblichen Entscheidungen, ergo tragen sie auch die Verantwortung. Aber wem gegenüber? Sie sind (ähnlich dem oben zitierten angestellten Geschäftsführer) nur durch ein Dienstverhältnis an das Unternehmen gebunden, nicht a priori Eigentümer. Verantwortlich sind sie dem Aufsichtsrat, der sie bestellt hat und selbst nur im Besitz eines eingeschränkten Mandates ist. Sollte man also ein AG-Vorstandsmitglied auf seine Verantwortung gemäß Artikel 14 GG ansprechen, so wird er dem Fragenden mit der gebotenen professionellen Höflichkeit zu verstehen geben, er habe da etwas ganz Grundsätzliches nicht richtig verstanden.

Somit gewinnen wir – wenn man bei diesem Erkenntnisgrad überhaupt noch von irgendeinem „Gewinn" reden kann – ein weiteres Zwischenfazit: Bei der in unserer Wirtschaft einflussreichsten und bedeutungsschwersten Gesellschaftsform lassen sich praktisch keine Adressaten für die Verpflichtung auf das Gemeinwohl finden.

Doch auch damit sind wir noch nicht am Ende der Fahnenstange. Bis jetzt sind wir noch immer von Aktionären ausgegangen, die

a) sich bewusst für die Funktion als Eigentümer an einem Unternehmen entschieden haben (beim Aktienkauf nämlich).
b) zur Hauptversammlung und so zur Mitwirkung zumindest eingeladen werden.

Zu Punkt b) hat sich in der Vergangenheit häufig Kritik an der Übung festgemacht, diese Mitwirkung zu delegieren und sich so von der Verantwortung noch weiter zu distanzieren. Das klassische Mittel hierzu ist das Depotstimmrecht der Banken, welches ein wenig an den Versuch erinnert, eine Interessengruppe aufzufordern, ihre eigenen Vorschläge in Frage zu stellen. Engagierter wirkt da die Mitgliedschaft in einer Schutzvereinigung für Aktionärsinteressen (welche Interessen da zu unterstellen sind, wurde bereits mehrfach angesprochen). Auf diesem Wege hat man immerhin die wohltuende Gewissheit, dass auf der Hauptversammlung eine engagierte Rede gehalten wird – allerdings wohl weniger im Interesse des Gemeinwohls.

Diese Formen der Delegation von Verantwortung, die man ohnehin nicht vorhatte wahrzunehmen, sind allerdings längst nicht mehr das eigentliche Problem. Wenn diese einen Schatten auf die gesellschaftliche Einbindung wirtschaftlicher Macht geworfen haben, so ist mittlerweile durch ein anderes Phänomen Totalverdunkelung eingetreten.

Wir haben bisher die Rolle der Großaktionäre außen vor gelassen. Soweit Großaktionäre in wenigen Fällen einen traditionellen familiären Hintergrund haben, wäre ihr Verhalten individuell zu untersuchen. Daneben gewinnt allerdings ein anderer Typ von Großaktionär immer mehr an Boden.

Der klassische Aktionär ist in seinem Erwerbsinteresse von einigen Seiten bedroht. So kann er bei seiner Kaufentscheidung nur begrenzt recherchieren. Und das Risiko einer Fehlentscheidung kann er auch nicht beliebig durch Streuung eingrenzen. Wichtige Signale zum Verkauf erkennt er ggf. zu spät, und überhaupt fehlt es ihm an Professionalität, sein Eigentum (d. h. sein Portfolio) zu managen.

Da ist es geradezu zwingend konsequent, dass die Finanzmärkte für den überforderten Aktionär eine Problemlösung kreiert haben: den Aktienfonds, der das angelegte Kapital auf eine größere Zahl von Unternehmen verteilt und die Anlagen verwaltet. Ein echter Problemlöser also für den Eigentümer.

Allerdings nimmt er dem Eigentümer nicht nur seine Probleme, sondern auch seine Beziehung zu den Unternehmen, deren (Mit-)Eigentümer er doch ist. Häufig werden die Inhaber von Fondsanteilen gar nicht wissen, in welchen Unternehmen ihr Kapital aktuell gerade angelegt ist. Da sie von der Verwaltung entlastet sind, mangelt es auch an jeglicher Mitwirkungsmöglichkeit. Der Eigentümer freut sich an der Kursentwicklung und wartet auf Ausschüttungen. Mehr tut er nicht. Am wenigsten macht er sich Gedanken darüber, was am anderen Ende des Investitionsprozesses geschieht.

Zwischen dem wirtschaftlichen Eigentümer (Inhaber von Fondsanteilen) und dem Unternehmen, in das sein Kapital investiert wurde, besteht nur noch die indirekte Verbindung über das Fondsmanagement. Dieses nimmt die Vertretung der Interessen (welcher wohl?) auf der Hauptversammlung wahr. Die maßgeblichen Investitionsentscheidungen werden von Fondsmanagern getroffen, in deren Köpfen gewiss vieles umläuft – nur nicht das Wohl der Allgemeinheit.

Um dieses System zu perfektionieren, wurden spezielle Sonderformen von Kapitalsammelstellen entwickelt, wie Hedgefonds oder Private Equity Fonds, die sich die Maximierung von Renditen weithin sichtbar auf die Fahne geschrieben haben. Ihre Macht erwächst aus gigantischen Mengen von Kapital, welches sie weltweit bei privaten Anlegern und Institutionen (z. B. Versicherungen, Rentenkassen) mit dem Versprechen einsammeln, beste Erträge zu erwirtschaften. Wenn der Fonds mit diesem Kapital in großem Stil in eine AG einsteigt, gewinnt er Stimmgewalt in der Hauptversammlung und in der Folge auch Sitz und Stimme im Aufsichtsrat.

Die Folge: Der Fonds kann massiven Druck auf den Vorstand der AG ausüben, kurzfristig und unter Hintanstellung aller anderen Motive maximale Erträge für die Fondsanleger zu erwirtschaften. Sollte ein Mitglied des Vorstandes andere Interessen schützen wollen, etwa die des Gemeinwohls, so wird ihm mit Rauswurf gedroht und er – im Falle mangelnder „Einsicht" – eiskalt exekutiert. Allgemein ausgedrückt heißt das, Orientierung am Gemeinwohl führt zum Ausschluss aus dem System.

In der Konsequenz werden Vorstände auch wider besseren Wissens stets nach den Regeln der Fonds handeln, also exzessiv die Rendite maximieren und das Gemeinwohl zurückstellen.

Mit der Hilflosigkeit eines Bauern, dem gerade das Feld kahlgefressen worden ist, hat ein ehemaliger Bundessozialminister die derart wirkenden Fonds mit Heuschrecken verglichen. Das ist immerhin fein beobachtet. Wenn er allerdings verstanden hätte, was hier geschieht, so hätte er die Verfassungsfrage stellen müssen.

Das grundgesetzlich garantierte Eigentum ist bei den breit finanzierten großen Konzernen derart zersplittert, anonymisiert und in Fonds neu aggregiert, dass es als Träger von Verantwortung nicht mehr in Frage kommt. Das bedeutet eine Zusammenballung von gesellschaftlicher Macht ohne entsprechende Verantwortung. Die Kongruenz von garantierten Rechten und auferlegten Pflichten ist gestört.

Wohlgemerkt: Es geht nicht darum, dass jemand, der persönliche Verantwortung zu tragen hätte, diese schuldhaft nicht wahrnimmt. Vielmehr ist die Verbindung zwischen dem wirtschaftlichen Eigentümer (z. B. Investor mit Fondsanteil) und dem erworbenen Eigentum (z. B. an einer AG) derart konstruiert, dass die Entstehung der im Grundgesetz geforderten Verpflichtung auf das Gemeinwohl systematisch verhindert wird, also gar nicht erst möglich ist.

Aktienfonds bewirken daher einen institutionalisierten Verfassungsbruch.

Denn dies ist letztlich das Fazit unserer Betrachtung: Die Entwicklung bei den Großunternehmen und auf den Kapitalmärkten hat dazu geführt, dass der Artikel 14 GG praktisch ausgehebelt ist. Die gesellschaftstragende Ausgewogenheit zwischen der zugelassenen Herausbildung wirtschaftlicher Macht zum einen und derer Kompensation durch Verpflichtung auf das Wohl der Allgemeinheit zum anderen ist in maßgeblichen Segmenten nicht mehr gegeben. Somit steht das Handeln in den Großunternehmen des Landes nicht mehr auf dem Boden unserer Gesellschaftsordnung und im offenen Widerspruch zu unserer Verfassung.

Jetzt erkennen wir die Mutation, die unseren Fisch in seinem Wesen verändert. Lässt sich diese Mutation umkehren?

Finden wir in einem Exkurs für alle Aufrechten, die an die Überlebensfähigkeit von Grundgesetz und Gesellschaftsordnung glauben, einen Weg, die systemzersetzenden Exzesse des Kapitalmarktes zu entschärfen?

Der fundamentale Satz lautet: Rechte und Pflichten bedingen einander in einem ausgewogenen Verhältnis. Wer keine Pflichten wahrnimmt, dem stehen (außer den unveräußerlichen Menschenrechten) auch keine Rechte zu.

Wer im Gegensatz zu Art. 14 GG Eigentum derart gestaltet, dass eine Verknüpfung mit dem Gemeinwohl ausgeschlossen ist, verwirkt den Schutz des Staates für das Eigentum.

Linke Ideologen werden an dieser Stelle das Kind mit dem Bade ausschütten wollen und nach Enteignung bzw. Verstaatlichung rufen. Jedoch ist die letzte Konsequenz nicht immer die praktikabelste.

Die gesellschaftsschädigende Wirkung des anonym gestreuten Eigenkapitals resultiert aus der nicht legitimierten Machtentfaltung der Fonds gegenüber den jeweiligen Unternehmensführern, den Vorständen. Hier gilt es, den Hebel anzusetzen, indem die Vermeidung von Pflichten geahndet wird: mit der Beschneidung von Rechten. Das gilt maßgeblich für das Recht der Eigentümer, Einfluss auf Entscheidungen des Unternehmens zu nehmen.

Praktisch wäre dies umsetzbar, indem der Gesetzgeber jenen Korporationen, deren Geschäftszweck darin besteht, Eigenkapital derart zu verteilen, dass es anonymisiert wird, das Stimmrecht in der Hauptversammlung entzieht und den Eintritt in den Aufsichtsrat verbaut.

Die Konsequenzen wären für unser Gemeinwesen hocherfreulich:

- Unternehmens-Vorstände, die zwar gewillt sind, Kapital angemessen zu bedienen, jedoch zu Übertreibungen nicht mehr erpresst werden können

- ein wieder auflebendes Bewusstsein aller Beteiligten für gesellschaftliche Verantwortung.

5.3.2 Evolution

Scheitern als Konsequenz

Wir sind vom Gedanken der Prädisposition ausgegangen, einer Vorbestimmung für die Erkrankung unseres Fisches, die schon in seinem Erbgut angelegt sein könnte als Abweichung von seinem ursprünglichen Bauplan. Gegen Mutationen existiert in der Biologie kein Reparatursystem, wie etwa gegen Infektionen. Der weitere Verlauf wird von den Regeln der Evolution bestimmt: Es gibt nur Erfolg oder Scheitern.

Bei den Großunternehmen haben wir eine Mutation definiert und fragen uns nun, ob sie die Lebensfähigkeit der Konzerne (und in zweiter Linie der ganzen Gesellschaft) erhöht oder zum Niedergang führt.

Wenn das faktische Abweichen von unserer Verfassung sich in der weiteren Entwicklung als Erfolg erweisen sollte, dann hätte die Sozialbindung des Eigentums für das Gemeinwesen den Charakter einer Behinderung gehabt, die Chancen verstellte, nun aber endlich beseitigt wird. Da sehe ich einige Rendite-Maximierer schon mit dem Kopf nicken. Ein entfesselter Kapitalismus, das wäre doch ein Erfolgsmodell und ein Wachstumsmotor ohnegleichen! Ein Kometenschauer würde über den Kurstafeln der Börse niedergehen!

Doch evolutionärer Erfolg manifestiert sich nicht in einem kurzen, hellen Aufflackern, sondern in dauerhaftem Überleben. Kurze schnelle Erfolge hat auch in der biologischen Evolution schon manche Spezies gehabt, die dann rasch wieder ausgestorben ist, weil sie hoch spezialisiert war und in Widerspruch zu ihrer Umwelt geriet.

Steigt die Überlebensfähigkeit der Konzerne und der freiheitlich verfassten Demokratie durch ein funkelndes Kursfeuerwerk? Oder bleibt am Ende nur Asche?

Bereits bei früherer Gelegenheit ist uns ein krankhafter Befund aufgefallen, auf dessen letzte Erklärung wir noch warten: die Schieflage im Verhalten von Vorständen, die den Interessen der Kapitaleigner offenkundig einen Vorrang einräumen und damit Verwerfungen im gesamten Unternehmen wie auch in seiner Außenwirkung auslösen. Nun erkennen wir, dass die Spitzenmanager bei genauer Betrachtung nicht die Interessen der Aktionäre schützen, sondern auf jene Fonds Rücksicht nehmen müssen, die sich der Stimmgewalt des Kapitals bemächtigt haben.

Unsere Beobachtungen lassen uns wenig Hoffnung, diese Mutation könnte einen betroffenen Konzern in seiner Überlebensfähigkeit stärken – geschweige denn das Gemeinwesen, in dem es Wirkung entfaltet. Die Folge einer Mutation, die das Überleben nicht fördert, heißt Scheitern.

Zum klaren Verständnis hier noch einmal die erarbeitete Kausalkette:

- Bei Großunternehmen ist die innere Verfassung beschädigt, *weil*
- die Vorstände sich sklavisch am Shareholder Value orientieren müssen, *weil*
- die Fonds Macht ohne Verantwortung ausüben, *weil*
- sie sich nicht um die Verfassung unserer Gesellschaft scheren.

In jedem dieser vier Punkte wird ein Gleichgewicht gestört. So sieht keine Steigerung der Überlebenschancen aus. So kündigt sich ein Scheitern an. Und Scheitern in unserem Kontext heißt auch Auseinanderbrechen der Gesellschaft.

Das ist Evolution.

Wenn die Gene unseres Fisches etwas anderes bauen wollen als einen Fisch, dann werden sie Gefahr laufen, mit diesem mutierten Etwas unterzugehen. Das Stinken des Fisches kündigt ein Systemversagen an.

5.4 Mortalität

Sterblichkeit, Vergänglichkeit

„Memento mortis – Gedenke des Todes!“

Nach herrschender Auffassung ist der Fisch sich seiner grundsätzlichen Sterblichkeit zwar nicht bewusst. Da in der Natur Unkenntnis nicht schützt, nutzt ihm das aber wenig: Er stirbt auf jeden Fall.

Könnte sein Stinken vom Kopf her bedeuten, dass einfach seine Zeit abläuft? Und was geschieht da mit ihm? An dieser Stelle möchte ich das Siechtum des Fisches verstehen als ein Versagen seiner vitalen Prozesse, eine Störung im Zusammenwirken seiner Organe, welche zunächst die Leistungsfähigkeit mindert und letztlich den Gesamtorganismus zum Stillstand bringt.

Übertragen auf unser eigentliches Erkenntnisobjekt, das Großunternehmen, wäre die

- Interaktion zwischen den Mitspielern (internen und externen) zu betrachten, sowie
- die Wirkung daraus für die Funktionalität im Inneren.

Dabei ist nicht Austausch von Leistungen im materiellen Sinne gemeint. Interaktion ist zu verstehen als konstruktives Zusammenwirken und vertrauensvolles Zusammenarbeiten.

Halt! Da war ein Begriff von essenzieller Bedeutung: *Vertrauen*. Ein soziales System – sei es die Gesellschaft schlechthin oder ein Unternehmen – kann nicht funktionieren, wenn die Regeln des Zusammenwirkens nicht eindeutig und von allen Leistungsträgern verlässlich akzeptiert sind. Nur das Vertrauen jedes Subjektes in sein Umfeld und in die anderen Akteure lässt es im System funktionieren. Im Umkehrschluss führt der Verlust von Vertrauen in maßgebliche (Teil-)Systeme zum Stehenbleiben im System. Der Organismus stirbt ab.

5.4.1 Kreislauf

Vertrauen sichert Funktionsfähigkeit

Zur Veranschaulichung stellen sich die mit Fantasie begabten Leser ein System von denkenden und fühlenden Zahnrädern vor, die ineinandergreifen, wie in einer Maschine eben. Wenn nun diese Zahnräder das Vertrauen verlören, dass andere Zahnräder, in welche sie greifen, zuverlässig ihre passenden Zahnreihen beibehalten, so würden sie nur noch zögerlich und unsicher die nächste Drehung vollziehen. Im Maschinenlauf ruckelt es. Wenn nur ein einzelnes Rad gar fest glaubte, andere Zahnräder würden ihm gewiss mit veränderten Zahnreihen begegnen, so würde es sich anpassen, indem es seinerseits die Höhe oder den Abstand seiner Zähne variiert, nur um nicht in die Rolle des passiven Opfers zu geraten. So hemmt schon ein einzelnes irritiertes Zahnrad den Lauf der Maschine. Sobald nun der Vertrauensverlust der Zahnräder zum Massenphänomen würde, könnte kein Rad mehr in das andere greifen. Die Maschine käme für immer zum Stehen.

Schlagen wir den Bogen von diesem Bild zu unserer eingeführten Metapher des (noch) lebenden Organismus. Dem Rundlauf der Räder entspricht der Kreislauf im Körper, mit dem jedweder stoffliche Austausch transportiert wird. Solange der Kreislauf intakt ist, bleibt der Organismus leistungsfähig.

Treten aber sektoral Verengungen oder gar Abstoßungsreaktionen auf, werden die Abläufe und das Zusammenwirken der Organe gestört. Häufen sich diese Störungen, gerät der Organismus außer Funktion bis zum Kollaps.

Hier wollen wir unser Verständnis der Wirkungsweise von Vertrauen in der Gesellschaft metaphorisch aufhängen. Vertrauen ist die Voraussetzung dafür, dass alle Mitspieler eines Systems das Funktionieren des Kreislaufs zulassen und fördern, Störungen vermeiden.

Diesen Ansatz vor Augen, fokussieren wir auf einige der maßgeblichen Säulen in der Gesellschaft und fragen uns, was ein Verlust von

Vertrauen in diese „Organe“ für Auswirkungen auf andere Teile der Gesellschaft hat. Dies unter besonderer Beachtung von Wirkungen in Unternehmen hinein.

Wir betrachten nacheinander

- Werte
- Politik(er)
- Wissenschaft
- Manager

und fragen uns, was ein Verlust von Vertrauen in diese Institutionen bei anderen Mitspielern auslöst.

A. Werte

Was löst das Empfinden, in der Gesellschaft gingen die Werte verloren, bei verschiedenen Gruppen aus?

Bürger ⇨ Werte

Als „Bürger“ wird hier die Masse der Mitglieder an der Gesellschaft verstanden. Die Veranschaulichung ihrer Reaktion auf das Empfinden von Wertverlust fällt leider allein schon aus der Tagesaktualität heraus sehr leicht. Da sind zum einen „laute“ Faktoren:

- Bildung militanter Protestgruppen, die nach Anlässen für gewaltsame Auseinandersetzungen suchen;
- verstärkte Protestbereitschaft bei an sich friedlichen Gruppen (z. B. der Belegschaft von Betrieben);
- steigendes Gewaltpotenzial (und korrespondierende Polizeiaufmärsche) bei öffentlichen Veranstaltungen, vom elitären Opernball in Wien bis zu drittklassigen Fußballspielen in Sachsen;
- reflexartige Massenproteste bei Zusammenkünften von Spitzenpolitikern wie z. B. den „G8-Treffen“. Dort schreien sich Zehntausende heiser beim Ruf nach „Gerechtigkeit“, ohne dass jemand definieren könnte, was denn eigentlich allgemeinver-

bindlich „gerecht" wäre. Die Massen werden offenbar geeint von dem diffusen, aber intensiven Empfinden, vieles laufe aus dem Ruder und das Wertesystem sei nicht intakt.

Gefährlicher sind vielleicht noch die „leisen" Faktoren:

- Zunehmender Verlust von Unrechtsbewusstsein (z. B. bei der Steuererklärung) im festen Glauben, das täten ohnehin alle; das Thema „Schwarzgeld" halten manche wohl sogar für eine Form der Mittelstandsförderung;
- sinkende Bereitschaft, Werte zu verteidigen; wer schützt noch einen Bedrohten oder stellt sich zumindest der Polizei als Zeuge zur Verfügung?
- Rückzug in Nischen; das kann bei oberflächlicher Betrachtung sogar nach Engagement aussehen, z. B. wenn jemand im Kaninchenzüchterverein ein Ehrenamt übernimmt und darin derart aufgeht, dass er den Rest der Welt vergisst.

Da tut sich eine fatale Mischung aus aggressiver Verzweiflung und perspektivlosem Fatalismus auf. Wenn man das erkennbare Unwohlsein analysiert, verstecken sich dahinter brandgefährliche Faktoren wie

- Zweifel an der Gesellschaftsordnung. Schon hört man erste Stimmen, die sagen, die Demokratie funktioniere eben doch nicht.
- Zweifel an der Marktwirtschaft, die dann noch verstärkt werden, wenn sich die individuelle wirtschaftliche Lage aktuell nicht so entwickelt wie gewünscht. Diejenigen Bürger, die in einer anderen Wirtschaftsordnung schon einmal gehungert haben und solche Wahrnehmung konstruktiv relativieren können, stehen ja kaum noch als Zeugen zur Verfügung;
- Kulturpessimismus, gern gepaart mit etwas Weltschmerz;
- Ruf nach einer neuen Weltordnung, auch wenn man die be-

stehende nicht überblickt und von der Lebenssituation einer chinesischen Fabrikarbeiterin, eines argentinischen Rinderhirten oder eines Rentners in Florida keine Vorstellung hat.

Mitarbeiter ⇨ Werte

Mitarbeiter, hier verstanden als Bürger, die auch Teil eines Unternehmens sind, tragen diese Reaktionen zwangsläufig in die Betriebe hinein und verändern dort das Klima und den Umgang miteinander.

Politiker, Manager ⇨ Werte

Brisant ist die Wirkung des schleichenden Erosionsprozesses auf exponierte Persönlichkeiten wie Manager und Politiker, die eigentlich als Vorbilder gefordert sind und aufgrund ihres gehobenen Informationsgrades ein differenziertes Bild haben können. Wenn wir oben zu dem Ergebnis gekommen sind, dass auch deren Treue zu den Werten sinkt, so könnten sie als negative Vorbilder Treiber dieses Prozesses sein oder selbst Opfer ihres zunehmenden Mangels an Vertrauen werden. Am wahrscheinlichsten ist wohl, dass beides gilt und hier ein Rückkopplungseffekt auftritt: Wirklich große Leute setzen sich immer an die Spitze der Bewegung. Und wenn die Moral in den Keller geht, dann muss man halt dort die besten Plätze besetzen.

Medien ⇨ Werte

Eine Multiplikatorfunktion kommt den Medien zu. Bereits heute erfolgt die Darstellung von Auswüchsen in einer Häufigkeit, dass diese Negativbeispiele als Normalfall erscheinen. Korruption und Gewaltverbrechen sind allgegenwärtig. Das Bestehen von organisierter Kriminalität (die sizilianische, russische, chinesische, baltische, rumänische, türkische, Tabak-, Transport-, Fleisch-, Zigaretten-, Tanker- u. a. m.-„Mafia") erscheint selbstverständlich. Und der „Proll" wird zum Normaltypus des Bürgers.

Wenn sich bei den Medienvertretern einmal der Eindruck verfestigt hat, der Werteverlust sei ein berichtswürdiges/-pflichtiges Faktum und treffe zudem auf das Interesse eines sensationsgierigen Publikums, dann entsteht eine Dynamisierung des Prozesses.

Zu guter Letzt gilt jeder Bürger, der noch optimistisch ist, positiv denkt und konstruktiv handelt, einfach als uninformiert.

B. Politiker

Die Betrachtung der Politiker zeigt die besondere Verantwortung derer, die ein öffentliches Mandat haben oder anstreben, für das Wertegerüst des Staates. Wer selbst über Gesetze und andere verbindliche Normen beschließen darf, steht naturgemäß unter erhöhter Beobachtung, was ihre Einhaltung betrifft. Die klassischste Form, in der eine Vorbildfunktion scheitern kann, liegt darin, Werte zu proklamieren, gegen die man dann vorsätzlich oder fahrlässig selbst verstößt. Das Ausmaß an daraus entstehendem Vertrauensverlust können alle Eltern bestätigen, die schon einmal von ihren Sprößlingen eines Widerspruches zwischen Erziehungsinhalten und eigenem Verhalten („Du lügst doch selber!") überführt worden sind.

Bürger ⇨ Politiker

Da die Bürger langsam begreifen, unter Einsatz welcher Mittel erfolgreiche Politiker Karriere machen, befindet sich deren Ansehen (vgl. wiederkehrende Umfrageergebnisse) bzw. das Vertrauen in sie im rapiden Sinkflug. Eine der Folgen ist unter dem Begriff „Politikverdrossenheit" als schwer greifbares Phänomen in der Diskussion. Das Nachlassen der Bereitschaft, an demokratischen Prozessen teilzunehmen, ist dagegen anschaulich an der Zahl der Nichtwähler abzulesen.

Sozialpartner ⇨ Politiker

Vertrauensverluste können gerade dort schädliche Wirkung entfalten, wo sensible Gleichgewichte bestehen, etwa in der Sozialpartnerschaft unseres Landes.

Wenn insbesondere die Vertreter der Arbeitnehmer aus dem Ansehensverlust der Politiker Rückschlüsse ziehen auf das moralische Gerüst des Staates an sich, so gerät schnell auch der sorgsam gepflegte Sozialstaat ins Visier.

Manager ⇨ Politiker

Warum eigentlich sollten diejenigen Entscheider, die primär vom Denken in materiellen Kategorien geprägt sind, sich verpflichtet fühlen, eine höhere Moral zu leben als die Repräsentanten staatlicher Funktionen?

Politiker, die opportunistisch ihre Überzeugungen wechseln wie die Hemden, bieten eine prächtige Vorlage für ähnlich veranlagte Manager, die auch gleich ihre Sprechblasen übernehmen können („Was interessiert mich mein Geschwätz von gestern?").

Apropos Sprechblasen: Die Kunst des *Reframing*, also die gezielte Steuerung der Diktion mit dem Ziel der Schönfärberei, scheint mir zunächst eine Domäne der Politik gewesen zu sein, die aber in der Wirtschaft als erfolgverheißende Technik gern übernommen wurde. Auch dies ist ein Schlag gegen die Wahrhaftigkeit in der Gesellschaft. Oder nur ein „Rückbau von undifferenzierter Direktheit"?

C. Wissenschaft

Gesellschaftliche Aufgabe der Wissenschaft ist es, dort Orientierung zu geben, wo Dinge komplex werden und einfache Praktikerregeln nicht mehr genügen.

Politiker ⇨ Wissenschaft

Da gerade für Politiker (auch solche, die nicht dem Lehramt für Hauptschulen entstammen) die zynische Vermutung gilt, sie hätten unter anderem auch im Bereich der Ökonomie keine Ahnung, sind sie in besonderem Maße auf richtungweisende Beratung der Wissenschaft angewiesen.

Wenn nun der Eindruck entsteht, die Vertreter der Hochschulen seien hinsichtlich ihrer Kompetenz (das ist allerdings nicht so leicht zu erkennen) oder ihrer Unabhängigkeit, z. B. von der Industrie (das erkennt man schon leichter), nicht vertrauenswürdig, so kann die intellektuell allein gelassene Politik nur mit Orientierungslosigkeit reagieren.

Manager ⇨ Wissenschaft

Wenn bezüglich der Ökonomie erkennbar wird, dass die Wissenschaft um das Goldene Kalb mittanzt, ohne Perspektiven und Alternativen zu benennen, dann macht sich das latente Gefühl von Ratlosigkeit bis hin zur Beliebigkeit breit: Wo keine beweisbar richtigen Regeln existieren, schnitzt man sich seine Wahrheiten selbst.

Konjunkturprognosen und Kapitalmarkttheorien allein geben weder Führungskräften noch Normalbürgern ausreichend Orientierung, um Vertrauen in das System zu empfinden. Da wäre die Beobachtung des Schlafverhaltens eines Murmeltieres nicht minder erhellend und hätte sogar einen höheren Unterhaltungswert.

Ein Ingenieur schlägt Alarm, wenn einem Unternehmer sein Betrieb um die Ohren zu fliegen droht. Ein Ökonom schließt einen Beratervertrag ab und entwickelt alternative Zukunftsszenarien.

Sozialpartner ⇨ Wissenschaft

Eine wichtige Folge vergeblicher Suche nach Orientierung ist die Abkehr von allgemeingültigen Kategorien. Interessenkonflikte (auch solche, die nur vermutet werden) können nicht mehr ausdiskutiert werden, sondern eskalieren zum offenen und erbittert geführten Kampf. Schwindendes Vertrauen in die geistige Führung aktiviert also Emotionalität und Konfliktbereitschaft. Der soziale Friede verliert seine Basis.

D. Manager

Unser besonderes Augenmerk gilt selbstverständlich der Rolle der Manager in diesem Prozess. Welche Auswirkungen hat ein Vertrauensverlust in die Wirtschaftsführer?

Bürger ⇨ Manager

Die diffuseste Folge ist eine Tendenz zur Wirtschaftsfeindlichkeit. Aus dem verantwortungslosen Tun Einzelner wird nur zu gern auf die Verruchtheit der ganzen Gruppe geschlossen. Eine in der Gesellschaft stabil verwurzelte Ablehnung (oder gar Aggressivität) gegenüber dem Geschehen in den Unternehmen schafft diesen ein Umfeld, das auf sie wirkt wie Sand im Getriebe. Nun dreht sich die Spirale: Haben Unternehmen das Vertrauen der Bürger (auch als Konsumenten) verloren, arbeiten sie gegen Widerstände, haben weniger Erfolg und schaffen weniger Wohlstand. Sinkt bei den Bürgern der Wohlstand, steigt ihr Misstrauen gegen die Repräsentanten der Wirtschaft … und so weiter. Aus dem Vertrauensverlust wird funktionales Scheitern.

Wer diesen Effekt einmal testen will, bringe einfach in einer politischen Diskussion das „Interesse der Wirtschaft“ als Argument. Dies empfiehlt sich allerdings nur für Menschen, die in ihrer Persönlichkeit so weit gefestigt sind, dass sie den Verlust von Sympathien bis hin zur offenen Anfeindung mental aushalten können.

Ein korrespondierendes Phänomen ist der Sozialneid, der sich nicht undifferenziert gegen alle richtet, die mehr besitzen als man selbst, sondern besonders „unsympathische“ Gruppen aufs Korn nimmt. Wie sonst wäre es zu erklären, dass Wirtschaftsführern ihr hohes Einkommen vorgeworfen wird, während anderen Menschen ein Mehrfaches klaglos gegönnt wird, zum Beispiel dafür, dass sie schnell im Kreis herumfahren, einen Ball in ein Tor treten oder in ein Loch schlagen. Neid ist ein Gefühl und Gefühle sind nicht fair, sondern von Vorprägungen abhängig. Die Einstellung gegenüber Managern ist derart, dass sie sich keine zusätzliche Bestätigung von Vorurteilen leisten können.

Übrigens entsteht Feindseligkeit (z. B. gegen die Wirtschaft) am allerleichtesten auf der Grundlage von Unwissenheit. Da bestehen bei uns beste Voraussetzungen. In welcher allgemeinbildenden Schule wird denn das Verständnis für das Funktionieren von Wirtschaft vermittelt? Ist das überhaupt Teil des vorherrschenden Begriffes von Bildung? Wenn man eine der zahlreichen Quiz-Shows im TV an sich heranlässt, so kann man einiges lernen z. B. über die Gestalten in Märchen, die Wirksamkeit von Heilkräutern oder die Lebensläufe längst verstorbener Kulturschaffender. Aber wer fragt nach den Unternehmen im DAX, den Rechten von Aufsichtsräten oder der Definition des Sozialproduktes? Offenbar wird unterstellt (und toleriert), dass der Normalbürger davon sowieso keine Ahnung hat und sich für etwas so Trockenes wie Wirtschaft auch nicht interessiert. Die Entstehung von Wohlstand liegt im faden Licht der Geheimwissenschaft. Da muss man sich nicht wundern, wenn ein sichtbar werdender Schmutzfleck rasch das ganze Bild verdunkelt.

Sozialpartner ⇨ Manager

Wo in der Bevölkerung allgemein Misstrauen noch diffus ist, kann es bei Partnern zu direkt schädlichen Folgen führen. Das gilt etwa im Falle von Sozialpartnern, bei denen der Verlust von Vertrauen in die Integrität von Verhandlungspartnern, ggf. im Zusammenwirken mit einem latenten Unterlegenheitsgefühl, in erhöhte Konfliktbereitschaft münden wird: vom verweigerten Konsens in der Tagesarbeit bis zum Schaukampf im Tarifstreit. Da gerät zusätzlich Sand ins Getriebe.

Politiker ⇨ Manager

Moralfreies Handeln von Wirtschaftsführern bleibt natürlich auch der Politik nicht verborgen. Politiker werden so reagieren, wie sie immer reagieren, wenn sie ein Thema wittern: mit öffentlichkeitswirksamem Aktionismus. Dieser kann sich in dem Drang äußern, schnell viel zu ändern, was wiederum die Teilnehmer am Wirtschaftsleben irritiert und ihnen das Vertrauen in berechenbare Umfeldbedingungen raubt.

Die bevorzugte Form der politischen Reaktion auf vermutete Missstände und Fehlentwicklungen besteht in der Einführung zusätzlicher Normen und weitreichender Beschränkungen. Diese Beschränkungen stellen für den Geschäftsgang in der Wirtschaft zusätzliche Hürden dar und binden produktive Kräfte. Ich möchte nicht langweilen, aber: Regulierungswut schaufelt noch mehr Sand ins Getriebe.

Geschäftspartner ⇨ Manager

Noch wichtiger ist der Bestand von Vertrauen im Zusammenwirken von Geschäftspartnern. Was geschieht, wenn der sprichwörtliche „hanseatische Kaufmann" zu der Einschätzung gelangt, es gebe keine Partner mehr, bei denen der Handschlag zum Abschluss eines Geschäftes ausreicht? Der Kaufmann wird Sicherungsmechanismen in seine Abläufe einarbeiten, um unliebsamen Überraschungen vorzubeugen. Diese Mechanismen belasten jedoch seine Ressourcen und mindern seine Effizienz. Zudem wird der Umgang mit den unter Generalverdacht gestellten Partnern schwieriger. Sobald die Mehrheit der Teilnehmer am Geschäftsleben von gegenseitigem Misstrauen gequält wird, potenziert sich die hemmende Wirkung.

Wie das Vertrauen in die Stabilität des Geldwertes zwingende Voraussetzung für das Funktionieren des Geldumlaufes ist, so ist das Vertrauen in die Integrität der Geschäftspartner Bedingung für einen effizienten Wirtschaftskreislauf.

Ohne Vertrauen wird das Getriebe nicht mehr geschmiert, es versandet.

Mitarbeiter ⇨ Manager

Schauen wir besorgt auf diejenige Gruppe, auf die Manager den maßgeblichsten Einfluss haben: die Mitarbeiter. Im Tierreich wird ein Leittier, das das Vertrauen seines Rudels verliert, weggebissen. In der menschlichen Gesellschaft verhindern kulturelle und rechtliche Anpassungszwänge dieses natürliche Verhalten. Die Folgen des Vertrauensverlustes von Führungskräften bei ihrer Belegschaft sind in der Regel geräuscharm, aber latent gefährlicher als der animalische Biss.

Nicht nur, dass Mitarbeiter mangels persönlichen Vertrauens alle Handlungen ihrer Manager misstrauisch beobachten. Sie hinterfragen deren Entscheidungen, führen Aufträge allenfalls mit einem Unbehagen aus und projizieren letztlich ihr Misstrauen auf alle operativen und strategischen Vorgaben. So geht nach dem Vertrauen in die Person die Identifikation mit der Aufgabe und dem Unternehmen verloren. Der Manager kann nun gerade noch so gut motivieren wie ein totes Pferd galoppieren. Er ist gänzlich disfunktional.

Zusätzlich wird die Übertragung von Verhaltensmustern in die Belegschaft hinein dort Nachahmereffekte auslösen, die wiederum das wechselseitige Vertrauen der Mitarbeiter untereinander stören. Da ist nicht mehr nur Sand im Getriebe. Da ist Sand anstatt eines Getriebes.

Curt

Wir haben schon lange nicht mehr auf unseren Freund Curt geschaut. Wie wird er auf seiner Position im Mittelmanagement eines Großunternehmens auf die vielfältigen Formen von Vertrauensverlust reagieren, die wir detektiert haben?

- Die oberste Führungsebene gleitet in seinen Augen aus der Vorbildfunktion ab in eine kriminelle Vereinigung, die primär Beute machen will und mit dem Mittel der Täuschung arbeitet. Das Unternehmen ist keine Heimat mehr, bietet keine Identifikation mit Werten, für die Curt sich einsetzen möchte.
- Die Kollegen neben ihm stehen im Verdacht, Konkurrenten zu sein, die nur auf eine Gelegenheit zum gemeinen Verrat warten. Curt muss sie in Schach halten und im Ernstfall zum existenzerhaltenden Präventivschlag ausholen. Als direkte Folge seiner Konfliktbereitschaft erntet Curt allerdings auch ver-

stärktes Misstrauen seiner Kollegen: Die negativen Erwartungen erfüllen sich selbst. Übrigens gibt es heute schon Insider, die behaupten, die Mitglieder von Vorständen in Großunternehmen verbrächten rund 80 % ihrer Zeit damit, sich gegen ihre Kollegen abzusichern und eigene Attacken vorzubereiten.

- Leider kann Curt auch bei den eigenen Mitarbeitern nicht sicher sein, dass der allgemeine Werteverlust vor diesen Halt macht. Da helfen nur vermehrte Kontrollen und der Entzug potenziell gefährlicher Kompetenzen. Man will ja nicht in den Rücken geschossen werden.
- Das soziale Klima ist ohnehin gereizt. Gespräche mit Betriebsräten führt Curt nur noch in Anwesenheit seines Rechtsbeistandes.
- Unter Wölfen geschäftliche Verhandlungen führen heißt, dem anderen die Beute aus den Zähnen reißen. Auf einen fairen Interessenausgleich zu hoffen bedeutet, denjenigen Moment zu verpassen, wo man hereingelegt wird. Curt ist folglich auf der Hut und gewährt Zugeständnisse nur noch bei doppelter Absicherung seiner Position.
- In Fachpublikationen sucht Curt Wege aus seinem unerquicklichen Berufsfeld. Zeigt nicht irgendein kluger Kopf auf ein Licht am Ende der Finsternis? Veröffentlicht keiner der zahlreichen, hochbezahlten Professoren ein Buch, das den Pfad aus der allgemeinen Verstrickung weist? Curt liest noch. Etwas gefunden, das ihm hilft, hat er bisher nicht.
- In die Medien mag Curt gar nicht mehr schauen. Skandale und Widerwärtigkeiten allenthalben. Und gibt es mal keine Sensationen, dann wird rasch ein vager Verdacht zur vorverurteilenden Negativschlagzeile hochgepuscht. Edle und anständige Menschen sind langweilig. Die kann man allenfalls in Rührfilmen zeigen. Ansonsten gilt: Moral ist Kassengift.
- Für die Politik hat Curt schon lange nur noch Verachtung üb-

rig. Ist doch letztlich egal, ob in den Parlamenten eigensüchtige Funktionäre oder weltfremde Sozialpädagogen sitzen. Wenn Curt nicht wüsste, dass andere Regierungsformen noch schlechter funktioniert haben, würde er glatt radikal wählen. Obgleich – mehr als schiefgehen kann es ja nicht.

- Das Schlimmste: Diesem allgegenwärtigen Klima des Misstrauens kann man nicht mehr entgehen. Das ändert sich nicht vor dem Werkstor, zieht sich bis in private Kreise. In letzter Konsequenz bleibt Curt nur die innere Emigration. Für Leser mit Erfahrung im realen Sozialismus: Curt besorgt sich eine Datsche.

Vertrauen in den Bestand von Werten hat für die Wirtschaft die gleiche Bedeutung wie Blut für den lebenden Organismus: Fehlt es, gibt es keinen Kreislauf.

5.4.2 Nerven

Realitätsverlust

Mag in der Evolution des Menschen die Aneignung von Denk- und Verhaltensweisen überlebensfördernd gewesen sein, die auf Konsens in der Gruppe und Kooperation im Geiste allseits akzeptierter Regeln beruhten. Die aktuelle Entwicklung ist gegenläufig.

Der Begriff „Wert“ wird reduziert auf das materiell Fassbare. Die Ertragslage ist wichtiger als die Gemütslage. Kursbindung statt sozialer Bindung. Gewinnmitnahme statt Mitmensch.

Im Wort „Dividende“ stecken sowohl das (Auseinander-) *„Divid“*ieren als auch das *„Ende“*. Aber das ist nun wirklich reiner Zufall.

Verfolgen wir die Sinnreihe: Der Niedergang von Werten zerstört Vertrauen. Wo Vertrauen fehlt, geht die Sicherheit des Individuums in seiner Welt verloren. Sein Nervensystem ist im Alarmzustand.

Wie überall in der Natur sucht diese Instabilität den Übergang in eine neue stabile Lage. Raus aus dem Chaos, rein in die berechenbare Stabilität (oder stabile Berechenbarkeit?).

Das kann den Rückzug in eine Nische bedeuten. Eine solche mag wie im Tiergehege ein fester Schutzraum (die Datsche!) sein. Wenn gar nichts anderes bleibt, muss der Rückzug in Form der inneren Emigration erfolgen.

Maßgebliches Kennzeichen dieser Notausstiege ist die Abkehr des Steuerungszentrums, des Gehirns, von der Realität. Wenn der Verstand keinen Ausweg aus der Malaisse mehr findet, sucht sich das Gefühl ein Ventil.

Dies ist die Stunde der Mystik. Wenn die (scheinbare) Rationalität in der Sackgasse endet, kann nur die Irrationalität weiterführen. Wie immer wieder in der Geschichte der Menschheit nachzuweisen, lösen ausweglos erscheinende Szenarien eine Massenflucht in spiritistische und mystische Vorstellungswelten aus.

Dies wäre ein echtes Paradoxon: Streng rationale Konzentration auf materiell greifbare Werte führt im Ergebnis in eine Welt diffuser Mystizismen und Heilsvorstellungen, die sich dem Verstand entziehen.

So wie einer Explosion eine Implosion folgen kann, welche die zerstörerische Wirkung multipliziert, können auch extreme gesellschaftliche Entwicklungen zu einem entgegenlaufenden Rückschlag führen. Nach der Revolution kommt die Konterrevolution.

Die konsequente Folge aus umfassendem Verlust von Vertrauen und Sicherheit in der Gemeinschaft ist Zerfall. Zerfall ist Tod.

Ruhe in Frieden, Fischlein!

6. Viabilität

Lebensfähigkeit: Erfolg & Sinn

Die vorstehenden Betrachtungen zur Schädigung des Systems „Fisch“ zeigen, wie systematische Zerfallserscheinungen auch die Anomalien erklären, die wir bei Unternehmen beobachten.

Wir sollten uns im Folgenden fragen:

- Welcher Zusammenhang besteht zwischen der Verfolgung von Interessen und der Beachtung von Werten?
- Was hält ein Unternehmen zusammen und was kann es folglich zersetzen?
- Was sagt uns das über vitale strategische Erfolgsfaktoren von Unternehmen?
- Liefert diese Betrachtung Argumente für unterschiedliche Entwicklungen bei mittelständischen im Gegensatz zu großen Unternehmen?

6.1 Erhaltung

Erfolg definiert sich in Werten

Klären wir das Verhältnis der Begriffe „Interesse“ und „Wert“.

Zunächst mal ganz platt: Ein Wert ist etwas, das jemandem etwas wert ist. Um das „wert sein“ zu messen, bedarf es eines Wertmaßes. Bei materiellen Werten kann man dies in einem metrischen Maß definieren, z. B. als Gewicht (1 Zentner Kartoffeln) oder Geld (100 Euro). Bei immateriellen Werten benutzen wir zur Bestimmung Normen, die vorliegen können als

- kodifizierte Normen, das sind Gesetze, Verordnungen und sonstige Regeln, die von entsprechenden Autoritäten erlassen worden sind. An diese Normen kann man konkrete Sachverhalte anlegen und deren Einhaltung prüfen.

- Wenn ein Angestellter im Lager stiehlt, verstößt er gegen das Strafrecht.
- Wer im Großraumbüro raucht, verstößt gegen die Hausordnung.
- Ein Foul beim Betriebsfußball verstößt gegen die Fußballregeln.

▪ nicht kodifizierte Normen, diese betreffen speziell Kategorien, die sich definitorisch nicht allgemeinverbindlich und eindeutig fassen lassen. So etwa Kategorien von Moral, Sitte und Ethik.
  - Wahrheitsliebe ist solch ein moralischer Begriff. Wer als unehrlich entlarvt ist, wird sich schwer tun, mit künftigen Aussagen Akzeptanz zu finden. Im Extremfall könnte man bei Verlust von Glaubhaftigkeit nicht mehr konstruktiv kommunizieren, weil jede Äußerung in Zweifel gezogen würde. Man stelle sich eine geschäftliche Besprechung wie am Pokertisch vor: Jeder glaubt, dass alle bluffen.
  - Fairness kommt aus dem Sport, wird aber z. B. auch auf den Umgang mit Geschäftspartnern angewandt. Wer als unfair eingeschätzt wird, muss damit rechnen, dass seine Partner nach einer Aufsicht oder einem Schiedsrichter rufen, bevor sie sich – wenn überhaupt – mit ihm einlassen.

Individuen und Gemeinschaften (auch Unternehmen) verfolgen Interessen. Sie erbringen Leistungen und Beiträge in der Erwartung, im Gegenzug eine Belohnung, einen Erfolg, zu erhalten.

Diesen Erfolg können wir uns materiell vorstellen:

- das Eis für ein braves Kind
- das Haus als Erbe für den Menschen, der den Verstorbenen gepflegt hat
- der Ertrag für das Unternehmen.

Er kann auch immateriell sein:

- ein Lob für das brave Kind
- die Würdigung des Pflegers als guten Menschen
- die Aura des Erfolgsmenschen für den Vorstandssprecher.

Maßgeblich bei der Verfolgung von Interessen ist die Erwartung an die Werthaltigkeit der Belohnung oder des Erfolges, welche man anstrebt. Diese Werthaltigkeit wiederum hängt von der Verankerung in dem bestehenden System von Normen ab. Betrachten wir die folgende Matrix, „Wertkreuz" genannt. Diese Matrix verknüpft kodifizierte mit nicht kodifizierten Normen, um das Feld aufzuzeigen, in dem sich Interessen konkretisieren.

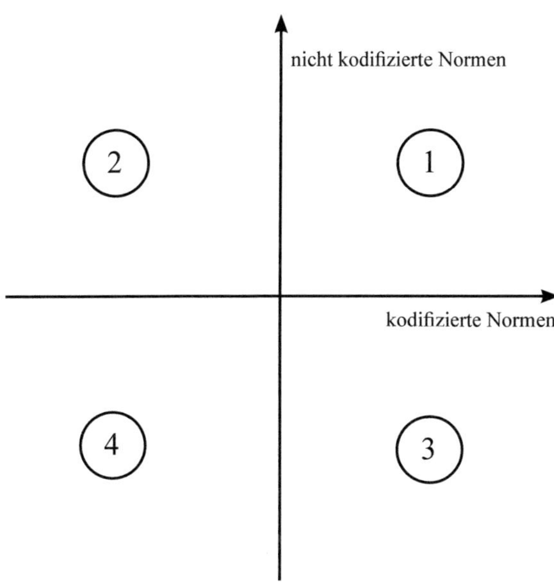

Die Kreise stehen für die Bündelung eines Interesses. Dieses Interesse richtet sich auf einen Erfolg, dessen Wert vom Bestand von Normen abhängt.

Betrachten wir Kreis 1; hier werden beiderlei Normen eingehalten. Unser Akteur sei ein Boxer, der in den Ring steigt, um einen Kampf zu gewinnen: Wie er sich im Erfolgsfalle die Belohnung vorstellt, ist naheliegend: Als Sieger erwartet er Geld und Ruhm. Auch wenn es ihm vielleicht nicht bewusst ist, tut er dies im Vertrauen auf den Bestand von Normen.

Die Hoffnung auf Geld macht nur Sinn

- wenn sein Sieg ihm einen einklagbaren Anspruch gegen den Veranstalter auf Zahlung seiner Kampfbörse einbringt. Das geht nicht ohne intaktes Schuldrecht;
- wenn er das Geld behalten darf und es ihm nicht beliebig (trotz seiner Schlagkraft) wieder weggenommen wird. Er verlässt sich also auf das Recht auf Eigentum, verbrieft durch Grundgesetz und Sachenrecht;
- wenn das Geld auch nachhaltig eine Kaufkraft verkörpert. Unser Faustkämpfer vertraut auf die Währungsordnung und dass die EZB nicht zu seinem Schaden den Euro für ungültig erklärt. Wir alle hoffen da mit ihm.

All dies sind kodifizierte Normen.

Die Hoffnung auf Ruhm ist nur realistisch

- wenn er in den Augen der Beobachter am Ring oder am Fernseher wirklich verdient gesiegt hat und nicht etwa von einem Fehlurteil profitiert. Im letzteren Falle würde man ihn in der Halle sofort auspfeifen und später in den Medien üblen Schmähungen aussetzen. Der Sieg muss also dem allgemeinen Empfinden für Fairness und Gerechtigkeit entsprechen;
- wenn die Sportart Boxen vom Publikum als edler Faustkampf

positiv bewertet wird. Würde Boxen als menschenverachtende und körperverletzende Barbarei bewertet, erntete der wackere Kämpfer lediglich Verachtung. Er ist also auf die gesellschaftliche Akzeptanz der Disziplin angewiesen, in der er antritt.

Dies sind Beispiele nicht kodifizierter Normen.

Ich hoffe, damit ist anschaulich, wie das Interesse zwischen den Normen aufgehängt ist. Nun interessieren wir uns themengerecht für die Verletzung von Normen.

Schauen wir daher in den linken oberen Quadranten auf Kreis 2. Er ist bezüglich der nicht kodifizierten Normen im positiven, also nicht kritischen Bereich. Jedoch markiert er auf der Skala der kodifizierten Normen eine Negativausprägung, die wir als Regelverstoß interpretieren können. Die Legalität ist verletzt.

Um im Beispiel zu bleiben:

Nehmen wir an, unser Boxer hätte nicht im Ring gekämpft, sondern eine Wirtshausschlägerei ausgetragen. In diesem Falle könnte er immerhin (nicht in einem Nobel-Restaurant, aber vielleicht in einer Kneipe) vom Publikum eine gewisse Form von Ruhm erwarten: Man respektiert ihn als potenten Schläger. In der Matrix kann das den oberen Bereich rechtfertigen.

Die Hoffnung auf Geld dürfte allerdings trügerisch sein. Für eine wüste Prügelei kann er keinen Lohn erwarten. Eher wird der Wirt von ihm Schadenersatz fordern. Da wendet sich das Schuldrecht infolge der Regelverletzung gegen den Boxer. Mehr noch: Auch das Strafrecht bietet eine Grundlage, ihn zu verfolgen: Er kann wegen diverser Delikte (Körperverletzung, Landfriedensbruch u. a.) im Gefängnis landen.

Die Verletzung der kodifizierten Normen gefährdet also das Interesse des Handelnden, ggf. führt es zu Sanktionen gegen ihn.

Im Quadranten rechts unten mit Kreis 3 ist eine Situation dargestellt, bei der die kodifizierten Normen eingehalten werden. Die Legalität ist intakt. Der Handelnde kollidiert aber mit moralischen oder ethischen Kategorien.

Im Beispiel: Der im Ring erfolgreich kämpfende Boxer verhöhnt seinen unterlegenen Gegner und beschimpft das Publikum. Seine Kampfbörse kann er vom Veranstalter immer noch verlangen. Das geschriebene Gesetz ist auf seiner Seite. Soweit sich sein Interesse auf Geld richtet, hat er Erfolg.

Doch wird er statt Ruhm nur Missbilligung ernten. Wenn das Publikum bei ihm einen Mangel an Fairness und Respekt erkennt und ahndet, wird das Interesse des Boxers empfindlich gestört. Niemand will ihn künftig mehr sehen (höchstens als „Fallobst").

Auch die Verletzung der nicht kodifizierten Normen wendet sich also in Form von Sanktionen gegen das Interesse des Boxers.

Der Kreis im 4. Quadranten bezeichnet den Fall, dass die Normen beider Kategorien verletzt werden.

Im Beispiel: Der prominente Erfolgsboxer wird des Dopings überführt. Das Gericht verurteilt ihn wegen eines Drogenvergehens (und hoffentlich auch wegen Betruges). Die Öffentlichkeit zerreißt das Bild vom vorbildlichen Sportsmann. Der Boxer ist weg vom Fenster. Alle Hoffnungen auf Geld und Ruhm kann er begraben. Seine Interessen sind mit seiner Normentreue abgestürzt.

Wie kaum anders zu erwarten, multiplizieren sich die Auswirkungen der Normenverstöße. Der Handelnde endet in der Ausgrenzung.

Neben dem von mir konstruierten Boxer-Beispiel liefert die Realität doch immer wieder die beste Anschauung: z. B. die Entwicklung im Radsport bei der Tour de France. Athleten bzw. Rennställe, deren Interesse am Erfolg bei der Tour moralische Grenzen (Fairness) fallen ließ, griffen zu Normenverletzungen, indem sie dopten. Als das Doping erkennbar wurde, beeinträchtigte es den Wert der Veranstaltung. Der bis dato so ruhmträchtige Tour-Sieg ist nun fragwürdig. Das bedeutet: Das Interesse, dessentwegen Normen verletzt wurden, ist durch eben diese Verstöße selbst gestört worden. Ergo war die Normenverletzung sinnlos und kontraproduktiv.

Über die so handfesten Beispiele hinaus lassen sich die Schlussfolgerungen verallgemeinern. Auch ein Unternehmen wird seine Interessen (z. B. nachhaltige Wertsteigerung, positives Image) nur im Einklang mit den korrespondierenden Normen wahren können, da sich der gewünschte Erfolg in den Kategorien eben dieser Normen ausdrückt.

Wenn wir von den zitierten Normen wieder auf das dahinter stehende Wertesystem rückschließen, so gilt:

Auf Dauer kann die Verfolgung von Interessen nur dann erfolgreich sein, wenn sie im Einklang mit dem vorliegenden Wertesystem erfolgt, da sich der angestrebte Erfolg in den Kategorien der Normen eben dieses Wertesystems konkretisiert.

Ich hoffe, die Anwendung dieser Regel auf die Welt der Unternehmen ist leicht nachvollziehbar:

- Da die *materiellen* Interessen an Kategorien anknüpfen wie Geldwert, Börsenwert und ein funktionierendes Wirtschaftssystem, können sie nur sinnvoll verfolgt werden, wenn der gesellschaftliche Rahmen dabei nicht destabilisiert wird. Dividenden inflationieren mit dem Geldwert. Börsenwerte werden sinnleer, wenn die Börse schließt.
- Für die *immateriellen* Interessen etwa von Topmanagern liefert die Realität bestes Anschauungsmaterial. Unterstellt, ihr wichtigstes Interesse liege darin, ihr persönliches Ansehen und ihre gesellschaftliche Stellung zu optimieren, so dürfen die Erfolge, mit denen sie glänzen wollen, nicht durch Verletzung von Normen zur Erosion des Wertesystems führen. Topmanager, die in ihrem Egoismus in der Öffentlichkeit die Wertschätzung für Begriffe wie Unternehmertum oder Marktwirtschaft un-

tergraben, zerstören damit exakt diejenige Bühne, auf der sie Applaus erhalten wollten. Die Möchtegern-Helden enden als Buhmänner.

In einprägsamerer Form:
Erfolg setzt den Erhalt des zugrunde liegenden Wertesystems voraus. Ich nenne dies den **„Grundsatz der Erhaltung“**.

6.2 Ausgewogenheit

Balance zwischen Geben und Nehmen

Neben dem soeben zitierten absoluten Zusammenhang zwischen Erfolg und Erhaltung des Wertesystems gibt es auch noch einen relativen Zusammenhang. Ich nenne ihn den **„Grundsatz der Ausgewogenheit“:**

Je mehr Erfolg ein Mensch hat, umso intensiver nimmt er die Leistungen des ihn umgebenden und tragenden Systems in Anspruch. Das System soll dabei verstanden werden als Verkörperung der Wertegemeinschaft mit Normen und Institutionen. Wenn dieser gleichgerichtete Zusammenhang zwischen persönlichem (auch institutionellem) Erfolg und Inanspruchnahme des umgebenden Systems besteht, dann ergeben sich daraus Folgerungen hinsichtlich der

- Gerechtigkeit: Wenn der Erfolgreiche das System verstärkt beansprucht, ist von ihm auch zu erwarten, dass er dieses System verstärkt unterstützt; zumindest alles unterlässt, was dem System schaden kann.
- Identifikation: Je intensiver der Erfolgreiche sich selbst und seinen Erfolg in den Kategorien des Systems abbildet und je mehr sich im Gegenzug das System mit seiner Kategorisierung von Erfolg am Beispiel des Erfolgreichen widerspiegelt, umso mehr verschmelzen die Lebensinteressen beider. Es entsteht eine symbiotische Verbindung zwischen Erfolgsmensch und Erfolgssystem. Dieser Zusammenhang erklärt z. B., weshalb

Menschen, die in ihrer Jugend als gesellschaftskritische „Revoluzzer“ aufgefallen sind, im Zuge der erfolgreichen Bewältigung ihres Lebensweges dazu tendieren, ins Lager der Wertkonservativen hinüberzudriften. Stichwort: Aus Hausbesetzern werden Hausbesitzer – und die würden keine Enteignung von Grundbesitz mehr zulassen.

Um dies noch anschaulicher zu machen, kann uns wieder Curt helfen, dem wir ja Erfolg in den nachfolgend betrachteten Kategorien durchaus zutrauen wollen.

Rang, gesellschaftliche Stellung:

Wenn Curt Erfolg hat, z. B. aus wirtschaftlicher, politischer oder wissenschaftlicher Tätigkeit, so stehen diesem Erfolg Gegenleistungen des Systems gegenüber.

Zum einen ermöglicht das System diesen Erfolg erst durch seinen Bestand. Den dann eingetretenen Erfolg drückt das System in der Folge aus in Form von Wertschätzung: mit Respekt, Auszeichnungen und einer Vielzahl kommunikativer Signale, die Curt seinen Erfolg erst genießen lassen. Dem Erfolgreichen (Alpha) öffnen sich viele Türen, die für den Erfolglosen (Omega) ewig verschlossen bleiben.

Ein praktisches Beispiel ist die Verleihung von Titeln, wie etwa akademischen. Das System – hier repräsentiert durch eine Universität – verleiht den Titel nicht nur an Herrn Dr. Curt. Es schützt auch die Ausschließlichkeit und somit den Wert des Titels.

Je höher der Rang ist, den Curt im System für sich beansprucht, umso höher ist seine Erwartung an die (und daraus seine Abhängigkeit von der) Wertschätzung des Systems.

Als Alpha konsumiert Curt erhöhte Wertschätzung des Systems; als Omega kann er seinen Bedarf an reputativer Zuwendung allenfalls auf dem Basisniveau der allgemein anerkannten Menschenwürde realisieren.

Bildung:

Hat Curt (natürlich unter Nutzung der Ressourcen des Systems) das intellektuelle Niveau eines Bildungsbürgers erreicht, so steigen auch in dieser Disziplin seine Ansprüche an das System. Als Bildungs-Alpha erwartet Curt ein Kulturangebot, das sich etwa in staatlich subventionierten Theatern und Opernhäusern ausdrückt.

Zudem wird er, wenn er sich z. B. dem humanistischen Bildungsideal verschrieben hat, von dem System erwarten, dass dieser Standard nicht inflationiert wird. Vielmehr muss sein Begriff von Bildung im System hochgehalten werden, damit Curt sich wirklich als Gebildeter ausleben kann. Curt konsumiert demnach Bildungssystem und Kulturgüter.

Als Bildungs-Omega oder sogenannter Vertreter „bildungsferner Schichten", würde Curt diesen Anspruch nicht stellen. Kommerzielle Anbieter würden ihn leicht mit anspruchsloser Kost über die Medien abfertigen.

Immaterielles Vermögen:

Wenn Curts geistige Anstrengungen gar zum Entstehen neuen geistigen Gutes führen, dann treibt dieser stolze Erfolg seine Forderungen an das System erst recht hoch: Curt verlangt Schutz seines geistigen Eigentums, etwa durch das Patent- oder Urheberrecht. Aktuell erkennt man die Brisanz dieses Themas daran, wie der Umgang Chinas mit Patentrechten den deutschen Außenminister in die Pflicht nimmt, deutsche Patentrechte zu verteidigen.

Ein Kreativitäts-Omega hat nichts, was das System für ihn schützen und bewahren müsste.

Macht:

Wenn Curt in den Kreis der Mächtigen aufsteigt, so wächst ihm ja nicht einfach nur ein persönliches Merkmal (wie die Zugehörigkeit zu einer Kaste) oder ein äußerliches Zeichen (wie ein Eichenlaub auf der Schulterklappe) zu, sondern vor allem der (hoffentlich) legitimierte Anspruch an das System, ihm die Möglichkeiten zur Ausübung seiner Macht bereitzustellen.

Erfolg, der zu Macht wird, verlangt nach dienenden Institutionen, nutzbaren Ressourcen und bespielbaren Entscheidungsfeldern.

Niemand nimmt das System stärker in Anspruch als der Macht-Alpha, dessen Status ihn ja gerade dazu berechtigt.

Der Macht-Omega kann qua Definition seine Ansprüche ohnehin nicht durchsetzen.

Materielles Vermögen:

Würde materieller Reichtum unseren Curt beruhigen? Die Antwort ist wohl ja, allerdings nur unter der Voraussetzung, dass Curt seinen Wohlstand auch unbehelligt genießen kann. Den erforderlichen Schutz erwartet Curt vom System, und zwar tendenziell umso intensiveren Schutz, je umfangreicher das Vermögen ist.

Stellen wir uns vor, Curt baut sich eine elegante Villa in malerischer Umgebung. Neben der Bewunderung (und dem Neid) der Betrachter aktiviert er damit auch die Begehrlichkeit jener, die in der Villa entsprechend kostbares Inventar vermuten und mit der unberechtigten Wegnahme beweglichen Vermögens kein moralisches Problem haben: Curts Vermögen lockt Diebe an. Im schlimmsten Fall reist aus dem Ausland gleich ein ganzes Team an, um die Bewohner von Curts Villa zu überfallen.

Diese Gefahr abzuwehren, verlangt Curt vom Staat, einer Institution seines Systems. Das Gleiche gilt für die Abwehr von Naturkatastrophen, Enteignungsfantasien, Grundstücksverletzungen u. a. m.

Mit jedem zusätzlichen Vermögensgut wachsen Curts Ansprüche

an das System, ihm den Bestand und die Nutzungsmöglichkeit seines Eigentums zu sichern.
Der arme Vermögens-Omega stellt diese Ansprüche nicht. Dem sprichwörtlichen „nackten Mann" kann ohnehin niemand in die Tasche fassen.

Mobilität:

Mobilität steht hier als Beispiel für vielfältige Möglichkeiten, aus eigenem Antrieb aktiv zu werden.
In unserer neuzeitlichen Gesellschaft kann sich der Erfolg von Curt auch in – beruflich oder privat motivierter – verstärkter Mobilität niederschlagen: Curt möchte reisen.
Sobald Curt diese Mobilität leben will, stellt er Ansprüche an das System. So erfordern seine Reisen intakte und sichere Verkehrswege: ein gut ausgebautes Wegenetz, Seehäfen und Schifffahrtsrouten, Flughäfen und Luftkorridore. Würde dieser Anspruch vom System nicht befriedigt, würden Curts Ambitionen dort enden, wo seine Beine ermüden.
Mehr noch: Je weiter Curt sich von seiner Heimat und seinem Kulturraum entfernt, umso intensiver setzt er auf die Bindungskräfte und die Einsatzbereitschaft seines Systems. Wenn in der Fremde Probleme auftreten, erwartet Curt konsularischen Schutz. Wird er krank, will er heimgeholt werden. Und wenn Curt sich in die gefährlichsten Winkel der Erde vorwagt, um deren Exotik zu erleben oder schlicht hochrentable Geschäfte zu machen, dann kann die heimische Regierung doch gar nicht anders, als ihn freizukaufen, wenn er in seinem Leichtsinn als Geisel genommen wird.
Der Mobilitäts-Omega stellt solche Anforderungen an sein System nicht, wenn er seinen Urlaub auf Balkonien verbringt.

Diese Beispiele mögen den eingangs postulierten Grundsatz griffig unterlegen, wonach es einer Ausgewogenheit bedarf zwischen den Erscheinungsformen von Erfolg einerseits und der Verbundenheit der Erfolgreichen mit dem System andererseits.

Dies führt zu der Schlussfolgerung, dass der Erfolgreiche in seinem eigenen Lebensinteresse engagiert sein muss, jenes System, in welchem er seinen Erfolg generiert, zu unterstützen, zu fördern und am Leben zu erhalten.

Im Umkehrschluss ist ein Erfolg, der unter Ausbeutung oder Schädigung des Systems errungen wird, nicht nur ungerecht gegenüber den übrigen Teilhabern am System, sondern geradezu selbstzerstörerisch, weil eine Schwächung des Systems dessen Fähigkeit (ggf. auch dessen Bereitschaft) zur Erbringung der benötigten Gegenleistung untergräbt.

Erfolg hängt sowohl in seiner Entstehung als auch in seiner Nutzung von einem ausgewogenen Verhältnis zu dem umgebenden System ab. Stirbt das System, stirbt der Erfolg.

6.3 Quadratische Kongruenz

Übereinstimmung zwischen Werten und Kapital

Da wir uns mit Unternehmen und Wertkategorien beschäftigen, drängt sich die Frage auf, ob denn ein Unternehmen eine Wertegemeinschaft sein kann oder sogar sein muss.

Fassen wir in den Werkzeugkasten unserer Begrifflichkeiten:

- Unternehmen definieren sich bevorzugt über ihre Unternehmensziele.
- Zugleich stellen sie (vgl. oben) ein sozio-technisches System dar.

Um optimale Erfolge zu erzielen, muss demnach das System im Sinne der Ziele optimiert werden. Wenn man dabei berücksichtigt, dass die technische Sphäre wiederum eine Funktion der Ingenieurkunst (und des Kapitaleinsatzes) ist, dann wird klar:

⇨ Es geht darum, dass Menschen gemeinsam Ziele erreichen.

Die Anforderung der Gemeinsamkeit setzt notwendigerweise einen allgemein verbindlichen Wertekanon voraus.

Der Erfolg eines Unternehmens ist demnach maßgeblich abhängig vom Vorhandensein einer konstruktiven Wertegemeinschaft. Dieses System muss auf dauerhaften Bestand ausgelegt sein, also keine kurzzeitige Notgemeinschaft, die nur solange funktioniert, wie alle gemeinsam in Not sind.

Dies ist eine *notwendige Bedingung* für den nachhaltigen Erfolg von Unternehmen.

Wir diskutieren dies vor dem Hintergrund eines mitteleuropäischen Wirtschaftsraumes, der arm ist an Rohstoffen und weit entfernt von einer Agrar-Orientierung. Damit ist zwingend klar, dass unser wirtschaftlicher Erfolg dauerhaft nur aus der innovativen, schöpferischen, problemlösenden, motivationsgetriebenen Schaffenskraft der Menschen in ihren Wertegemeinschaften entstehen kann.

Hier liegt das Feld, auf dem die Schlachten der Gegenwart und der Zukunft primär gewonnen oder verloren werden.

Dies geschieht erst in zweiter Linie in der Welt des Kapitals und seiner Märkte, da Kapital sich stets auf die Finanzierung von Ressourcen beschränken muss:

- auf die Anschaffung von Vermögensgegenständen, die zwar höchstwertig sein mögen, aber jeweils nur Teil der technischen Sphäre des Unternehmens werden können (jedenfalls solange die Horrorvision von Robotern mit menschenähnlicher Intelligenz nicht Realität wird);
- auf die Entlohnung der Menschen, die die Sozio-Sphäre des Unternehmens bilden. Dabei gilt als anerkennt, dass die Entlohnung in Geld ein Motivationsfaktor ist, der zwar gern zitiert wird, in der betrieblichen Realität jedoch nur eine kurze Halbwertzeit hat.

Der Einsatz von Kapital ist also gleichfalls *betriebsnotwendig*, aber allein auch nicht hinreichend für unternehmerischen Erfolg. Dabei ist gerade bei großen Kapitalgesellschaften das Kapital selbst zwar ein wichtiger Bestimmungsfaktor für die Definition der Unternehmensziele. Das Kapital und seine Eigner sind jedoch (mit Ausnahme von Belegschaftsaktionären) niemals Teil der Wertegemeinschaft im Unternehmen. Die Eigner stehen außen und sind zudem meist anonym. Kapital ist abstrakt und kann demnach mit Begriffen wie Moral, Werte oder Kultur nichts anfangen.

Diese Feststellung ist wichtig, wenn aktuell zu beobachten ist, dass sowohl das Management von Unternehmen als auch die Politik sich durch Gestaltung des Unternehmensrechtes und die Regeln des Kapitalmarktes erpressbar gemacht haben für die vermeintlichen „Interessen" von Kapital. Erpressbarkeit jedoch ist existenzbedrohend, nicht erfolgsfördernd.

Wie wirken nun diese beiden Faktoren „Werte" und „Kapital" zusammen?

Zunächst haben wir beide als *betriebsnotwendig* erkannt, d. h. die Umsetzung der Unternehmensziele (in Erfolg) kann nicht gelingen ohne das Wirken beider Faktoren im produktiven Prozess:

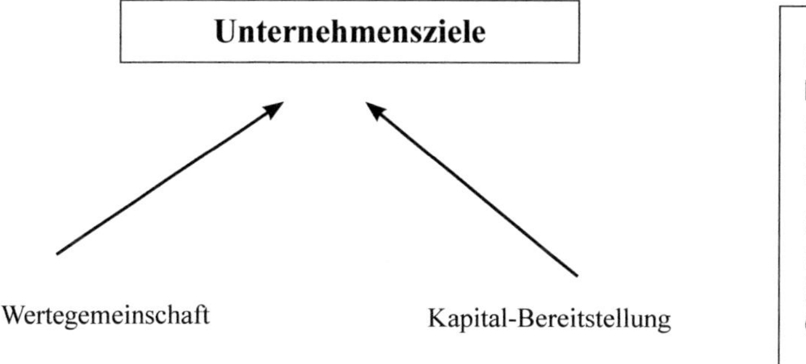

Zwischen beiden Faktoren muss dabei eine inhaltliche Übereinstimmung (Kongruenz) so weit bestehen, dass eine effektive und effiziente Leistungserstellung gewährleistet ist.

Dies stellt Anforderungen an die Unternehmensziele derart, dass diese die genannte Kongruenz in der Umsetzung ermöglichen. Ergo ist bereits bei der Definition dieser Ziele die Notwendigkeit der Kongruenz beider Faktoren zu berücksichtigen:

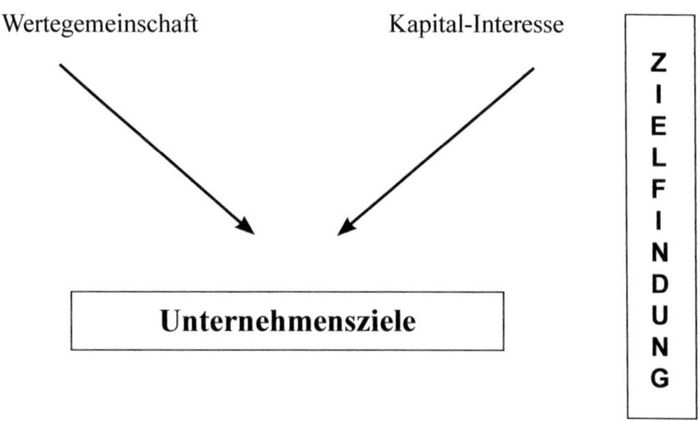

Demnach ist in der betrieblichen Tätigkeit, sowohl im strategischen als auch im operativen Bereich, das widerspruchsfreie Zusammenwirken der immateriellen (Werte-)Sphäre und der materiellen (Kapital-)Sphäre durchgehend zu sichern:

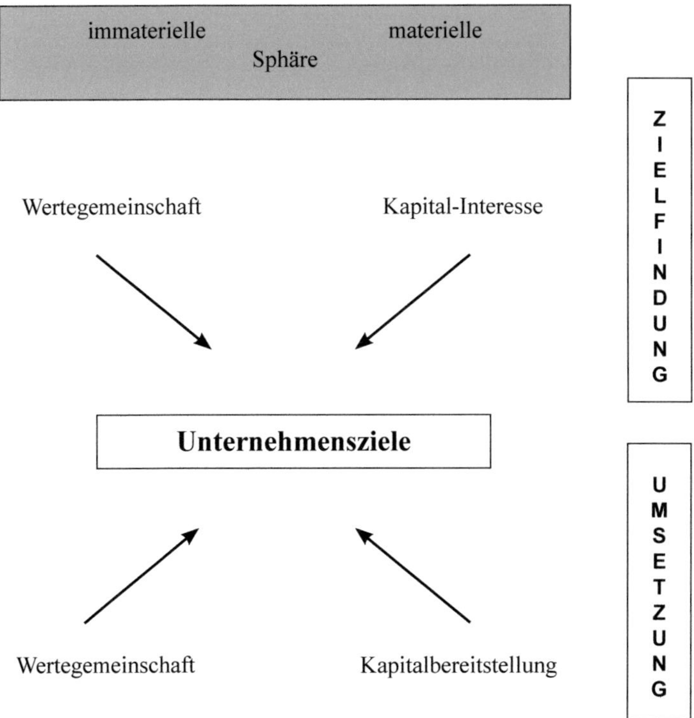

Allgemein gilt:
Die Ziele eines Unternehmens
+ die Werte jener Gemeinschaft, die diese Ziele realisieren soll
+ die Interessen der Investoren (Kapital-Interessen)
dürfen nicht im Widerspruch, sondern müssen im Einklang stehen.

Nur unter dieser Bedingung bestehen für das Unternehmen

- Stabilität und Funktionalität im Inneren und
- Erfolgsfähigkeit nach außen.

Dies ist der **„Grundsatz der Quadratischen Kongruenz“.**

Er zeigt, dass die zum Ende des 2. Jahrtausends n. Chr. für die gesellschaftlichen Auseinandersetzungen maßgeblichen Faktoren „Arbeit“ und „Kapital“ in ihrer Bipolarität ausgedient haben und im neuen Millennium der Ausgleich zwischen Wertegemeinschaft und Kapital-Interessen das relevante Spannungsfeld darstellt.

Das Gelingen dieses Ausgleiches entscheidet nicht nur über die Entwicklung des Wohlstandsniveaus, sondern über den Fortbestand des Gesellschaftssystems.

Diesen Zusammenhang realisieren speziell die von uns beobachteten Großunternehmen nur bruchstückhaft. In ihrem Fokus steht offenkundig die Furcht, das betriebsnotwendige Kapital entzogen zu bekommen bzw. von dominanten Kapitalgebern ihrer Selbständigkeit beraubt zu werden. Daher buhlen sie mit aller Kraft um die Gunst dieser Kapitalgeber.

So nachvollziehbar dieses Bemühen ist, bleibt es einäugig, solange die (mindestens) gleichwertige Bedeutung der das Unternehmen tragenden Wertegemeinschaft nicht erkannt ist und mit (mindestens) gleicher Intensität bearbeitet wird.

Wenn wir die funktionierende Wertegemeinschaft als elementaren Erfolgsfaktor herausgestellt haben, so muss auch der Umkehrschluss richtig sein: Das Auseinanderbrechen der Wertegemeinschaft verhindert dauerhaften Erfolg, ist also ein negativer Werttreiber.

Hier liegt die Bedeutung der eingangs beobachteten pathologischen Symptome und Verwerfungen im operativen und strategischen Bereich. All dies sind kleine Vorbeben, die ein umfassendes Versagen ankündigen. Und gerade solche Gebäude, die eine wachsende Zahl von Rissen in ihrem Fundament und den Aufbauten aufweisen, sind am schwersten zu retten.

Das ganze Kapital ist nichts mehr wert, wenn die Wertegemeinschaft kapital beschädigt ist.

6.4 Biotop

Überlebensfähigkeit des Mittelstandes

Unser Ausgangspunkt war die Auffälligkeit, dass mittelständische Unternehmen sich in der Praxis im Vergleich zu großen, börsennotierten Konzernen überraschenderweise als erfolgreicher erweisen. Haben unsere Betrachtungen uns nun Argumente geliefert, warum das so ist?

Beginnen wir mit denjenigen Attraktivitätskriterien, die ein einzelner Entscheider bei der Auswahl des Unternehmens anlegt, bei dem er arbeiten möchte. Welche Argumente könnten in den Augen unseres Curt für sein Großunternehmen gesprochen haben? Da sind

- die breiteren Aufstiegsmöglichkeiten; stößt Curt auf seinem Weg auf ein Karrierehindernis, wie z. B. einen fest verankerten Platzhalter, kann er diesen weiträumig umfahren. Falls Curt wider Erwarten keinen Erfolg hat, so findet sich in einem großen Haus eher ein trockenes Plätzchen zum Ausharren;
- die Fähigkeit, im Erfolgsfalle aus der opulenten Kasse ein höheres Salär zu gewähren. Wenn Curt richtig Karriere macht, kann er entsprechend „absahnen". Auch die Altersversorgung weckt bei den Großen schöne Hoffnungen auf ein sorgloses Alter. Traditionell hat das sogar mal gestimmt;
- mehr internationale Präsenz, die verhinderten Globetrottern Perspektiven eröffnet. Nur internationale Konzerne können sich auf den Standpunkt stellen, Reisekosten seien Ausdruck ihrer globalen Orientierung. Wenn Curt also gern mal sein Ränzlein schnürt und über die Kontinente düst, wird er hier bestens bedient;
- stärkere Spezialisierungsmöglichkeiten; die hohe Kunst besteht darin, aus einem persönlichen Hobby eine ganze Abteilung zu schnitzen. Curt kann sich hier auf Themen wie die Knüpfung von Kommunikationsnetzwerken oder ein Entsorgungskonzept für Problemmüll konzentrieren.

Diese Argumente wiegen für den Einzelnen durchaus schwer und machen nachvollziehbar, weshalb Großunternehmen im Wettbewerb um die besten Kräfte (*War for Talents*) häufig die Nase vorn haben. Allerdings sind vorhandene Talente lediglich eine Ressource. Maßgeblich ist, was man aus ihnen macht. Hört man auf Menschen, die sich für die andere Größenklasse entscheiden, so führen diese häufig zugunsten mittelständischer Unternehmen deren Überschaubarkeit und die „menschliche Atmosphäre" an. Da sind wir auch schon wieder direkt am Thema.

Mittelständische Unternehmen sind in der Tat überschaubar. Dies ist zwar kein absolut notwendiges Kriterium für die Entstehung und den Bestand einer intakten Wertegemeinschaft, aber es hilft.

Mittelständische Unternehmen können in sich einen Kosmos darstellen, der seine eigenen Werte aus der Gemeinschaft heraus und unter dem direkten persönlichen Einfluss des Managements findet. Die Einhaltung, aber auch die Revisionsbedürftigkeit dieser eigenen Werte bleibt beobachtbar, geradezu fühlbar.

Damit entsteht zwischen Wertesystem und betrieblicher Gemeinschaft eine dynamische Wechselbeziehung. Der Ausbau und die Verfestigung des einen fördert auch das jeweils andere. Wer gewohnt ist, zusammenzustehen, findet auch leichter einen Konsens. Wer Konsensorientierung lebt, der stärkt wiederum die Gemeinschaft. Ähnlich muss man sich wohl einen Atomkern vorstellen. Hier bestehen starke Bindungskräfte.

Neben den Kräften, die nach innen wirken, entwickelt ein mittelständisches Unternehmen auch eine bewusstere und beständigere Außenhaut. Menschen, die ein prägnantes *In Group*-Empfinden verbindet, schauen sehr bewusst, vielleicht auch kritisch, was aus dem Umfeld kommt. Das gilt insbesondere für wertorientierte Strömungen.

Demgegenüber sind Großunternehmen allein schon durch die nicht mehr überschaubare, geschweige denn kontrollierbare Zahl ihrer Schnittstellen zur Umwelt zwangsläufig durchlässig für Einflüsse von außen. Sie geraten daher zu einem (allenfalls branchenspezifisch individualisierten) Abbild der Gesellschaft. Dorthin geben sie nicht nur zahlreiche eigene Impulse ab, sondern importieren auch jedwede Einflüsse von dort. Verglichen mit einem biologischen Organismus besitzt das Großunternehmen zahlreiche Rezeptoren, mit denen es neben förderlichen Substanzen auch Krankheitserreger aufnehmen kann – und das bei einem schwächelnden Immunsystem.

Das mittelständische Unternehmen dagegen bleibt bezüglich Einflüssen von außen beobachtungs-, analyse- und reaktionsfähig. Natürlich spielt dabei das Management die entscheidende Rolle, und dies aus einer privilegierten Position. Nicht, dass jeder mittelständische Unternehmer alle seine Mitarbeiter mit Stammbaum, Schuhgröße und Präferenzstruktur kennt. Er hat jedoch die Gruppe, die er führt, im Blick, kann auf sie reagieren und an ihr lernen. Gleichzeitig ist auch er selbst näher beobachtbar, somit transparenter und (im günstigen Fall) glaubwürdiger. Er agiert wie ein Künstler auf der Bühne eines Kabaretts: hat direkte Berührungen, nimmt mit und geht auch selbst mit. Dagegen agiert der Kollege Topmanager im Großunternehmen wie ein Künstler im Fernsehen: Er sieht sein Publikum großteils nicht; erhält Rückmeldungen allenfalls zeitversetzt und gefiltert; kann somit nicht empfängerspezifisch reagieren und reduziert sich so auf ein vorzeigbares Image; merkt im Ernstfall nicht einmal, wenn ihm niemand mehr zuhört.

Da sind die Analyse- und Steuerungsinstrumente im Mittelstand ein positiver Erfolgsfaktor ersten Grades. Mehr noch: Im Falle eines inhabergeführten Unternehmens hat der Faktor Kapital, der ja hier personifiziert wird durch das Management selbst, die Chance, Teil der Wertegemeinschaft zu werden. Dies ist ein struktureller Vorteil (nicht nur der Kapitän ist an Bord, sondern die ganze Reederei), der sich tiefgreifend und werterhaltend abhebt von der Anonymisierung und Abstrahierung, wie sie bei börsennotierten Unternehmen fortschreitet.

Zusammenfassend gesagt, beruht die höhere Leistungsfähigkeit von mittelständischen Unternehmen auf deren Fähigkeiten

- aus sich selbst heraus eine konsistente und allgemein akzeptierte Wertegemeinschaft sowie eine Unternehmenskultur zu entwickeln
- Umwelteinflüsse zu filtern und als schädlich erkannte Entwicklungen zu bekämpfen, somit eigene Werte und Kultur zu bewahren
- den Faktor Kapital der Wertegemeinschaft nicht zu entfremden, sondern ihn zu integrieren.

Gesamtgesellschaftlich betrachtet, bieten die mittelständischen Unternehmen demnach eine Inselwelt, vergleichbar einem regenerationsfähigen Biotop in einer sich sukzessive lebensfeindlich entwickelnden Biosphäre. Wenn die Anzahl dieser Biotope groß genug ist, besteht immerhin für viele Lebensformen eine Überlebenschance. Das sagt allerdings nichts über den Bestand der gesamten Biosphäre. Auf diese werfen wir noch einen abschließenden Blick.

6.5 Ir(re)-Rationalität

Ökonomische Rationalität paradox

„Der Mensch lebt nicht vom Brot allein ..."
(Matthäus-Evangelium, Kap. 4, V. 4)

Das Einstiegszitat soll dokumentieren, dass man auch in der Antike schon die Erkenntnis gewinnen konnte, dass eine Reduzierung menschlicher Interessen auf das rein Materielle keinen Erfolg verspricht, weder Nutzen noch Zufriedenheit. Es bedarf eben noch anderer, immaterieller Werte.

Die vorstehenden Ausführungen zeigen, dass gegen diese elementare, zeitlose und m. E. unumstößliche Regel derzeit auf das

Gröbste verstoßen wird. Dabei sind im Wirtschaftsleben gerade jene großen und anonymen Gebilde als Opfer anfällig, die nur schwache eigene Abwehrkräfte haben gegen die schädlichen Einflüsse aus dem gesellschaftlichen Umfeld. Einmal infiziert, werden sie dann zu hocheffizienten Treibern der Fehlentwicklung (der „Dracula-Effekt“: das gebissene Opfer beißt nun seinerseits).

Im Zentrum steht der Begriff „Wert“. Das erscheint auf den ersten Blick undramatisch, verschreibt sich die moderne Ökonomie doch rückhaltlos der „Wert-Schöpfung“. Aber leider ist der Inhalt des Begriffes mehrdeutig.

In unserer wirtschaftlich geprägten Welt wird der Begriff „Wert“ häufig verfälscht, indem er auf das rein Materielle reduziert wird. Das hat nicht nur lebensphilosophische Gründe, sondern auch ganz pragmatische. Materielle Werte lassen sich in metrischen Daten ausdrücken.

Ein Erfolg, der sich vorrechnen lässt, wirkt zwingend real. Wer Erfolge vorweisen will, braucht diese Vorzeigbarkeit. So entsteht eine Schein-Rationalität, die für den rein materiellen Erfolg spricht , weil (zumindest kurzfristig) nur dieser beweisbar ist. Ethik erscheint daneben diffus, beinahe weltfremd.

Die Scheinbarkeit dieser Rationalität wird anschaulich, wenn man sie an dem Einstiegszitat spiegelt. Die renditeorientierte Ökonomie gaukelt uns vor, es gehe tatsächlich nur um das „Brot“. Daneben sei nichts Relevantes, nichts Werthaltiges.

Pecunia non olet (Geld stinkt nicht). Somit ist – wie jede Hausfrau bestätigen kann – Geld das Gegenteil von Käse: Der Käse stinkt, aber man kann ihn essen.

Offenkundig bildet die materielle Wertdefinition nur einen Teil der Welt ab. Was bei aller Scheinwissenschaftlichkeit die Rationalität derart einäugig definiert, entlarvt sich als das Gegenteil: Irrationalität.

Wir stehen vor dem Paradoxon, dass diejenigen, die meinen, Rationalität in die Welt zu tragen und nachweisbar vernünftig zu handeln, letztlich als falsche Propheten das genaue Gegenteil bewirken, indem sie der Irrationalität zum Sieg verhelfen.

Fatalerweise funktionieren als Treiber dieses Massenphänomens der Ideologie gewordenen Irrationalität große mächtige Einheiten wie international tätige Konzerne, die sich aufgrund ihrer schieren Größe und Kapitalkraft, verbunden mit der Fähigkeit, unabhängig von Staatsgrenzen zu agieren, jeder Gesetzgebung oder gesellschaftlichen Verantwortung entziehen. Eine demokratische Legitimation haben sie ohnehin nicht.

Stattdessen agieren sie wie Staaten ohne eigenes Land. Sie sind allgegenwärtig und doch nicht zu greifen. Sie entfalten Macht und leugnen doch die Verantwortung. Sie verbreiten das Prinzip der scheinbar rational begründeten Irrationalität über die Welt. Und sie schaffen eine Monokultur: Werte, von denen allein die Menschen nicht leben können ...

6.6 Deklomposination

Deklination = Abschüssigkeit, Niedergang
Dekomposition = Auflösung, Zersetzung

Unsere zunächst mikroskopische Betrachtung hat uns – nicht zuletzt unter Mithilfe von Curt – eine Summe einzelner Phänomene gezeigt, die bereits Zweifel aufkommen ließen, ob denn mit der inneren Verfassung von Großunternehmen (diese als Spitze des Eisberges der Gesellschaft) alles zum Besten steht.

Wir haben ein Fundament gesehen mit Rissen, bröckelnde Fassaden und aufweichenden Mörtel.

Unseren Blick haben wir ausgeweitet auf eine makroskopische Sichtweise, in der erkennbar wurde, dass das Wertesystem von Großunternehmen (korrespondierend mit der sie umgebenden Gesellschaft) aus anfänglicher, nur mehr scheinbarer Rationalität sich in das Gegenteil verkehrt und mit großer Kraft in die Irrationalität strebt.

Da wird deutlich, dass das ganze Gebäude in seiner Substanz gefährdet ist. Der Zement bricht. Die Träger rosten. Das Dach möchte nicht mehr schützen, sondern abheben.

Dieser Verfall, der im Kleinen noch so kurios wirkte, erreicht auf der Ebene von Großunternehmen zerstörerische Ausmaße und gipfelt schließlich in ein Fanal für unsere gesamte freiheitlich verfasste Gesellschaft.

Es gibt in unserem Kulturkreis für diesen Prozess des fortschreitenden Niedergangs durch Verfall der Werte ein Wort:

DEKADENZ !